U0380844

富阳竹纸制作技艺

竹

富阳竹纸制作技艺

总主编 杨建新

浙江省非物质文化遗产代表作丛书

浙江摄影出版社

庄孝泉 主编 孙学君 编著

总 序

浙江省人民政府省长 吕祖善

　　中华传统文化源远流长，多姿多彩，内涵丰富，深深地影响着我们的民族精神与民族性格，润物无声地滋养着民族世代相承的文化土壤。世界发展的历程昭示我们，一个国家和地区的综合实力，不仅取决于经济、科技等"硬实力"，还取决于"文化软实力"。作为保留民族历史记忆、凝结民族智慧、传递民族情感、体现民族风格的非物质文化遗产，是一个国家和地区历史的"活"的见证，是"文化软实力"的重要方面。保护好、传承好非物质文化遗产，弘扬优秀传统文化，就是守护我们民族生生不息的薪火，就是维护我们民族共同的精神家园，对增强民族文化的吸引力、凝聚力和影响力，激发全民族文化创造活力，提升"文化软实力"，实现中华民族的伟大复兴具有重要意义。

　　浙江是华夏文明的重要之源，拥有特色鲜明、光辉灿烂的历史文化。据考古发掘，早在五万年前的旧石器时代，就有原始人类在这方古老的土地上活动。在漫长的历史长河中，浙江大地积淀了著名的"跨湖桥文化"、"河姆渡文化"和"良渚文化"。浙江先民在长期的生产生活中，创造了熠熠生辉、弥足珍贵的物质文化遗产，也创造了丰富多彩、绚丽多姿的非物质文化遗产。在2006年国务院公布的第一批国家级非物质文化遗产名录中，我省项目数量位居榜首，充分反映了浙江非物质文化遗产的博大精深和独特魅力，彰显了浙江深厚的文化底蕴。留存于浙江大地的众多非物质文化遗产，是千百年来浙江人民智慧的结晶，是浙江地域文化的瑰宝。保护好世代相传的浙江非物质文化遗产，并努力发扬光大，是我们这一代人共同的责任，是建设文化大省的内在要求和重要任务，对增强我省"文化软实力"，实施"创业富民、创新强省"总战略，建设惠及全省人民的小康社会意义重大。

浙江省委、省政府和全省人民历来十分重视传统文化的继承与弘扬，重视优秀非物质文化遗产的保护，并为此进行了许多富有成效的实践和探索。特别是近年来，我省认真贯彻党中央、国务院加强非物质文化遗产保护的指示精神，切实加强对非物质文化遗产保护工作的领导，制定政策法规，加大资金投入，创新保护机制，建立保护载体。全省广大文化工作者、民间老艺人，以高度的责任感，积极参与，无私奉献，做了大量的工作。通过社会各界的共同努力，抢救保护了一大批浙江的优秀非物质文化遗产。"浙江省非物质文化遗产代表作丛书"对我省列入国家级非物质文化遗产名录的项目，逐一进行编纂介绍，集中反映了我省优秀非物质文化遗产抢救保护的成果，可以说是功在当代、利在千秋。它的出版对更好地继承和弘扬我省优秀非物质文化遗产，普及非物质文化遗产知识，扩大优秀传统文化的宣传教育，进一步推进非物质文化遗产保护事业发展，增强全省人民的文化认同感和文化凝聚力，提升我省"文化软实力"，将产生积极的重要影响。

党的十七大报告指出，要重视文物和非物质文化遗产的保护，弘扬中华文化，建设中华民族共有的精神家园。保护文化遗产，既是一项刻不容缓的历史使命，更是一项长期的工作任务。我们要坚持"保护为主、抢救第一、合理利用、传承发展"的保护方针，坚持政府主导、社会参与的保护原则，加强领导，形成合力，再接再厉，再创佳绩，把我省非物质文化遗产保护事业推上新台阶，促进浙江文化大省建设，推动社会主义文化的大发展大繁荣。

2008年4月8日

前 言

总主编 杨建新

"浙江省非物质文化遗产代表作丛书"即将陆续出版了,看到多年来我们为之付出巨大心力的非物质文化遗产保护成果以这样的方式呈现在世人面前,我和我的同事们乃至全省的文化工作者都由衷地感到欣慰。

山水浙江,钟灵毓秀,物华天宝,人文荟萃。我们的家乡每一处都留存着父老乡亲的共同记忆。有生活的乐趣、故乡的情怀,有生命的故事、世代的延续,有闪光的文化碎片、古老的历史遗存。聆听老人口述那传讲了多少代的古老传说,观看那沿袭了多少年的传统表演艺术,欣赏那传承了多少辈的传统绝技绝活,参与那流传了多少个春秋的民间民俗活动,都让我深感留住文化记忆、延续民族文脉、维护精神家园的意义和价值。这些从先民们那里传承下来的非物质文化遗产,无不凝聚着劳动人民的聪明才智,无不寄托着劳动人民的情感追求,无不体现了劳动人民在长期生产生活实践中的文化创造。

然而,随着现代化浪潮的冲击,城市化步伐的加快,生活方式的嬗变，那些与我们息息相关从不曾须臾分开的文化记忆和民族传统，正在迅速地离我们远去。不少巧夺天工的传统技艺后继乏人，许多千姿百态的民俗事象濒临消失，我们的文化生态从来没有像今天那样面临岌岌可危的境况。与此同时，我们也从来没有像今天那样深切地感悟到保护非物质文化遗产，让民族的文脉得以延续，让人们的精神家园不遭损毁，是如此的迫在眉睫，刻不容缓。

　　正是出于这样的一种历史责任感，在省委、省政府的高度重视下，在文化部的悉心指导下，我省承担了全国非物质文化遗产保护综合试点省的重任。省文化厅从2003年起，着眼长远，统筹谋划，积极探索，勇于实践，抓点带面，分步推进，搭建平台，创设载体，干在实处，走在前列，为我省乃至全国非物质文化遗产保护工作的推进，尽到了我们的一份力量。在国务院公布的第一批国家级非物质文化遗产名录中，我省有四十四个项目入围，位居全国榜首。这是我省非物质文化遗产保护取得显著成效的一个佐证。

我省列入第一批国家级非物质文化遗产名录的项目，体现了典型性和代表性，具有重要的历史、文化、科学价值。

白蛇传传说、梁祝传说、西施传说、济公传说，演绎了中华民族对于人世间真善美的理想和追求，流传广远，动人心魄，具有永恒的价值和魅力。

昆曲、越剧、浙江西安高腔、松阳高腔、新昌调腔、宁海平调、台州乱弹、浦江乱弹、海宁皮影戏、泰顺药发木偶戏，源远流长，多姿多彩，见证了浙江是中国戏曲的故乡。

温州鼓词、绍兴平湖调、兰溪摊簧、绍兴莲花落、杭州小热昏，乡情乡音，经久难衰，散发着浓郁的故土芬芳。

舟山锣鼓、嵊州吹打、浦江板凳龙、长兴百叶龙、奉化布龙、余杭滚灯、临海黄沙狮子，欢腾喧闹，风貌独特，焕发着民间文化的活力和光彩。

东阳木雕、青田石雕、乐清黄杨木雕、乐清细纹刻纸、西泠印社金石篆刻、宁波朱金漆木雕、仙居针刺无骨花灯、硖石灯彩、嵊州竹编，匠心独具，精美绝伦，尽显浙江"百工之乡"的聪明才智。

龙泉青瓷、龙泉宝剑、张小泉剪刀、天台山干漆夹苎技艺、绍兴黄酒、富阳竹纸、湖笔，传承有序，技艺精湛，是享誉海内外的文化名片。

还有杭州胡庆余堂中药文化，百年品牌，博大精深；绍兴大禹祭典，彰显民族精神，延续华夏之魂。

上述四十四个首批国家级非物质文化遗产项目，堪称浙江传统文化的结晶，华夏文明的瑰宝。为了弘扬中华优秀传统文化，传承宝贵的非物质文化遗产，宣传抢救保护工作的重大意义，浙江省文化厅、财政厅决定编纂出版"浙江省非物质文化遗产代表作丛书"，对我省列入第一批国家级非物质文化遗产名录的四十四个项目，逐个编纂成书，一项一册，然后结为丛书，形成系列。

这套"浙江省非物质文化遗产代表作丛书"，定位于普及型的丛书。着重反映非物质文化遗产项目的历史渊源、表现形式、代表人物、典型作品、文化价值、艺术特征和民俗风情等,具有较强的知识性、可读性和权威性。丛书力求以图文并茂、通俗易懂、深入浅出的方式,展现非物质文化遗产所具有的独特魅力,体现人民群众杰出的文化创造。

我们设想,通过本丛书的编纂出版,深入挖掘浙江省非物质文化遗产代表作的丰厚底蕴,盘点浙江优秀民间文化的珍藏,梳理它们的传承脉络,再现浙江先民的生动故事。

丛书的编纂出版,既是为我省非物质文化遗产代表作树碑立传,更是对我省重要非物质文化遗产进行较为系统、深入的展示,为广大读者提供解读浙江灿烂文化的路径,增强浙江文化的知名度和辐射力。

文化的传承需要一代代后来者的文化自觉和文化认知。愿这套丛书的编纂出版,使广大读者,特别是青少年了解和掌握更多的非物质文化遗产知识,从浙江优秀的传统文化中汲取营养,感受我们民族优秀文化的独特魅力,树立传承民族优秀文化的社会责任感,投身于保护文化遗产的不朽事业。

"浙江省非物质文化遗产代表作丛书"的编纂出版,得到了省委、省政府领导的重视和关怀,各级地方党委、政府给予了大力支持;各项目所在地文化主管部门承担了具体编纂工作,财政部门给予了经费保障;参与编纂的文化工作者们为此倾注了大量心血,省非物质文化遗产保护专家委员会的专家贡献了多年的积累;浙江摄影出版社的领导和编辑人员精心地进行编审和核校;特别是从事普查工作的广大基层文化工作者和普查员们,为丛书的出版奠定了良好的基础。在此,作为总主编,我谨向为这套丛书的编纂出版付出辛勤劳动、给予热情支持的所有同志,表达由衷的谢意!

由于编纂这样内容的大型丛书,尚无现成经验可循,加之时间较紧,因而在编纂体例、风格定位、文字水准、资料收集、内容取舍、装帧设计等方面,不当和疏漏之处在所难免。诚请广大读者、各位专家不吝指正，容在以后的工作中加以完善。

我常常想，中华民族的传统文化是如此的博大精深，而生命又是如此短暂，人的一生能做的事情是有限的。当我们以谦卑和崇敬之情仰望五千年中华文化的巍峨殿堂时，我们无法抑制身为一个中国人的骄傲和作为一个文化工作者的自豪。如果能够有幸在这座恢弘的巨厦上添上一块砖一张瓦，那是我们的责任和荣耀，也是我们对先人们的告慰和对后来者的交代。保护传承好非物质文化遗产，正是这样添砖加瓦的工作，我们没有理由不为此而竭尽绵薄之力。

值此丛书出版之际，我们有充分的理由相信，有党和政府的高度重视和大力推动，有全社会的积极参与，有专家学者的聪明才智，有全体文化工作者的尽心尽力，我们伟大祖国民族民间文化的巨厦一定会更加气势磅礴，高耸云天！

2008年4月8日

（作者为浙江省文化厅厅长、浙江省非物质文化遗产保护工作领导小组组长）

目录

序言

纸，被誉为人类文明的使者。

公元105年，黑头发黄皮肤的中国人蔡伦发明了造纸术，这是古老的中华民族对人类文明的杰出贡献。

至南宋时期，位于浙江西北部的富阳，开始用嫩毛竹为原料制作竹纸，从此世代传承，走过了一千多年的历史。由于富阳竹纸纸面光洁、色泽白净、不易变色、不受虫蛀，用它书写作画既得心应手，又赏心悦目，遂誉满华夏。从宋真宗开始，富阳竹纸就为朝廷贡品，被列为"御用文书纸"。北宋时，富阳竹纸的"谢公笺"，与唐代的"薛涛笺"、汉末晋初的"左伯纸"齐名，同为我国历史上的"三大名纸"。星移物换，富阳竹纸制作技艺在继承我国传统造纸工艺的基础上，形成了独具特色的绝艺，领先于同行，竹纸名品竞出，越过富春江，畅销国内江、浙、沪、京、津等地，又出口日本、韩国、新加坡、菲律宾等国家，享誉中外。

富阳竹纸的往昔何其灿烂！制作技艺的积淀何其深厚！

漫长的造纸历史，厚重的纸文化，使富阳拥有"造纸之乡"的美誉。然而，随着时代的变迁，由于竹纸制作的工艺流程繁杂、技术难度大、属于重体力劳动且又利润微薄，纸农们与它渐行渐远。年轻人不愿学，造纸师傅步入高龄，技艺传承后继之人，使曾经辉煌的竹纸制作技艺陷入了濒临失传的边缘。

从一枝嫩毛竹转化为洁白的纸张，这其中，凝结着一代又一代富春纸农们的聪明才智，蕴涵着勤劳淳朴的富春江儿女顽强不息的创造力。富阳竹纸制作技艺是深藏在民间熠熠生辉的奇葩，是孙权故里源远流长历史的见证和富阳传统文化的载体。保护传统造纸技艺对继承和弘扬文化遗产，促进和谐社会的建设，都具有深远的意义。

2006年，富阳竹纸制作技艺被列入第一批国家级非物质文化遗产名录，有了它应有的位置。与此同时，我们欣喜地看到：富裕阳光的和谐富阳，正在悉心演绎着一曲科学有效地保护竹纸制作技艺的交响乐。富阳市人民政府适时出台了保护措施和扶助政策，建立了民间艺术保护领导小组，命名了一批"传统造纸文化村"，实行重点区域保护；政府发给老艺人一定的生活补助，鼓励他们带徒传艺；定期举办造纸技艺培训活动，解决传承难题。

越来越多的人把关注的目光投向了竹纸制作技艺，越来越多的人开始领略竹纸制作技艺非比寻常的魅力。富阳竹纸制作技艺无比珍贵，价值非凡。

让我们一起努力，留住我们的根！

是为序。

徐国明

（本文作者为富阳市文化广电新闻出版局党委书记、局长）

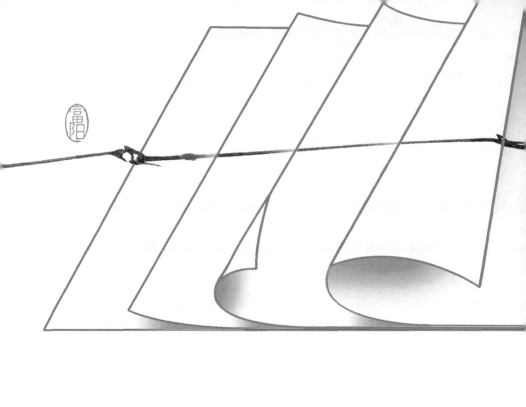

富阳竹纸业概述

富阳造纸有悠久的历史，《浙江之纸业》载述：「说纸，必说富阳纸。」在民间，还有「富阳一张纸，行销十八省」「京都状元富阳纸，十件元书考进士」之说。

富阳竹纸业概述

富阳造纸有悠久的历史,《浙江之纸业》载述:"说纸,必说富阳纸。"在民间,还有"富阳一张纸,行销十八省"、"京都状元富阳纸,十件元书考进士"之说。用嫩竹浆制作的元书纸,精工细做,纸面光洁,色泽白净,不受虫蛀,不易褪色。纸薄若蝉翼,韧力似纺绸。所以,写字作画莹润而悦目,且便于珍藏。富阳传统所产的纸,都以手工制造,溯源于东汉明帝时代(58—75年)。一开始制作的是以桑树皮为原料的皮纸,竹纸始于唐五代时期。

中国古代造纸印刷文化村的富阳竹纸产品陈列柜

蔡伦像屹立在富阳纸乡

[壹]得天独厚的竹纸生产条件

出土的新石器时代文物证明，五千多年前，富阳境内已有人类繁衍生息。富春之地，春秋时属越国，越亡属楚。秦汉以后，隶属多变。秦统一全国，分天下为三十六郡，置富春县，属会稽郡，富阳建县由此开始。秦汉时，富阳称富春，东晋太元十九年（394年），为避简文帝生母宣太后阿春讳，更名富阳，富阳之名始于此。富阳历史上名人辈出，既是三国吴大帝孙权的故里，又出过不少将相名宦，文人墨客更是代不乏人，因而与外界交往频繁。尤其是五代吴越国和南宋定都临安（今杭州），富阳作为京畿地区，其生产、生活和文化受到深刻影响，这为富阳纸业的发展提供了良好的机遇。

在地理上，富阳位于浙江省西北部，富春江下游，钱塘江上游。地理坐标为北纬29°44′~30°12′、东经119°25′~120°09′，东接杭州市萧山区，南连诸暨市，西倚桐庐县，北与临安市、杭州市余杭区接壤，东北与杭州市西湖区毗邻。富阳水陆交通方便，自然环境优越，天目山余脉绵亘西北，仙霞岭余脉蜿蜒东南，富春江斜贯市境中部。山地、丘陵面积1439.6平方千米，占市境总面积的78.62%。仙霞岭余脉分布区以高低山为主，其特点是山势挺拔，脉络清晰，重峦叠嶂，山重水复，海拔均在500米以上。主峰杏梅尖，海拔1065.8米，为全境最高峰。由于山体高大，气候、土壤适宜毛竹生长，全市约有毛竹林40万亩，产竹量居全省第二位。因此，制造传统竹纸的

富阳市永昌镇的山区竹林遍布

在山靠山

原料十分丰富。境内一江十溪交错，水源充足，不但运输无阻，而且水质优良，为造纸提供了必需的条件和特有的便利。富阳紧邻杭州，纸的贸易和信息反馈都以杭州为纽带，十分方便。富阳造纸源远流长，是与它独秉天赋的自然条件分不开的。

富阳境内的富春江风光绮丽，古今多少名人学士曾为之咏叹。南朝吴均有"奇山异水，天下独绝"的赞誉，元代李桓有"天下佳山水，古今推富春"的绝句，历代诗画名家谢灵运、李白、白居易、苏东

富阳的水资源为造纸提供了优质的水源

坡、王十朋、陆游、黄公望、郁达夫、郭沫若、叶浅予等多为富春山水留下过千古名篇和画作。墨客文人来此游山玩水，题诗作画，这些活动无不与纸有关。文化意识和信息来源的加强，更具备了提高手工造纸技术的有利条件。

富阳自古民风淳朴，农民终年在乡间辛勤劳作，很少背井离乡出外营生，富阳人传统的观念是"苦在本乡本土，总是虽苦犹乐"。曾有"宁为故乡乞，不做他乡官"之说。土纸生产恰可就地取材，足

不出村就能造出纸来，并且男女老幼均可参与其中，一家一户便能独立生产。做纸虽然需要吃苦耐劳，但制造土纸正好需要这种安分守己、埋头苦干的精神。这千百年铸就的民风民俗，也是富阳土纸制作技艺得以代代相传的一个原因。再则，富阳是"八山半水分半田"的丘陵县，山区耕地稀少，粮食自给条件不足，只得因地制宜，以造纸和经营纸业作为主要经济来源，以纸换粮，赖以谋生。造纸的资本投入可大可小，工具设备不是很复杂，资金周转较快，且已世代相传，便于继承推广。因此，形成了山区以产竹纸为主业的格局。

[贰]传统竹纸源流与沿革

以嫩竹为原料生产土纸，古称竹纸。唐五代时期，富阳竹纸就有明确记载。唐代，富阳所产上细黄白状纸，为纸中精品。自宋真宗始就为朝廷贡品，列为"御用文书纸"。1041年至1048年的宋庆历年间，富阳所产的竹纸生产显著发展，以"制作精良，品质精粹，光滑不蠹，洁白莹润"而被誉为"纸中上品"，名扬天下，并成为"锦夹奏章"和科举试卷用纸。宋仁宗庆历六年（1046年）考中进士、曾任吏部司封郎中的富阳人谢景初，按自己的书写要求，与纸农商讨，改革工艺，改变原料，用腌、漂的方法，经过多次试制，终于在富阳竹纸的基础上创造出与唐代"薛涛笺"齐名的"谢公笺"。"谢公笺"具有"光滑、发墨色、宜笔锋，卷舒虽久墨终不渝、不蠹"等优点。元朝末年费著在他所著的《蜀笺谱》一书中，对"谢公笺"有如下记载：

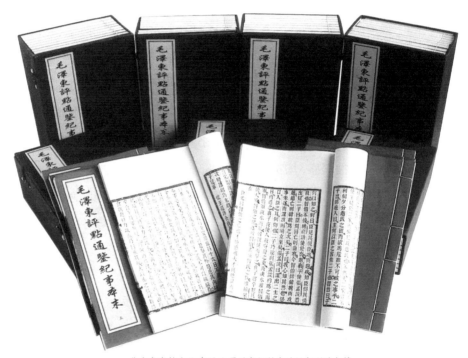

华宝斋富翰文化有限公司用富阳所产的纸印刷的书籍

　　"纸以人得名者，有谢公、有薛涛。所谓谢公者，谢司封景初师厚。师厚创笺样以便尺书，遂因此为名。"明代文学家陈耀文在《天中记》一书中，记载了"谢公笺"的特色："谢公有十色笺，分为深红、粉白、杏红、明黄、深青、浅青、深绿、浅绿、铜绿、浅云十色也。"由于这种笺纸纸质平滑，适于书写，曾一度被用作朝廷文书纸。"谢公笺"在我国古代造纸史上，占有重要的地位。

富阳竹纸中的名品元书纸，据传始于南宋绍兴二十三年（1153年）。宋室南渡，定都临安（今杭州）之后，杭州成了全国政治、经济、文化中心。当时的最高学府国子监从汴京（今河南开封）迁到杭州，要印制大量的监本书籍以供学子研读。再加上宋代文人有编撰前人或自己个人著作刊行的风尚，随之而起的是杭州民间刻书业的兴起，书坊、书肆星罗棋布，遍及大街小巷，杭州成了全国印刷业的中心。印刷业的兴盛，增加了对纸张的需求量。囿于当时的运输条件，原先从川、闽、赣等纸产区调运纸张不仅路途遥远，难以为继，而且运输成本高昂，已无法满足日益增长的纸张需求，势必要寻觅

槽户在门窗上贴着"生意兴隆通四海，财源茂盛达三江"对联，企盼自己的纸业发达

距杭州较近的纸产区生产并供给价廉质优的印刷用纸。富阳处于京师临安近郊，历史上又以产纸闻名，于是宋朝廷饬令时任富阳知县的李扶在富阳督造印书纸。李扶，字持国，建州松溪（今福建松溪）人，绍兴二十二年（1152年）调任富阳知县。他的家乡也产竹纸，因而他雇请建州纸工来富阳传授竹纸制造技艺，与富阳纸工几经试制，因当时的富阳竹纸脆软疏松，纸面毛茸，不堪印书，但还可供国子监生起草文稿和练习书法之用，故称其纸为"元书纸"。"原""元"二字相通，"元书"有文章、书法草稿之意。自从元书纸有了其用途的标准定位之后，富阳纸工对元书纸的抄造工艺不断改进和改良，技艺精益求精，终于使元书纸成为质地洁白、帘纹细密、光滑坚韧、手扣有声、闻有清香的竹纸中的"上上佳品"，成为可供印书之用的纸张。

宋代，富阳竹纸生产技术大进，品种繁多。明、清为富阳土纸生产的兴盛期。据清光绪《富阳县志》载："邑人率造纸为业，老小勤作，昼夜不休。""竹纸出南乡，以毛竹、石竹二者为之。有元书六千五百塘，纸昌山、高白、时元、中元、海放、段放、京放、京边、长边、鹿鸣、粗高、花笺、裱心等，为邑中出产第一大宗。"大家争出名纸，当时生产的元书纸、井纸纸、赤亭纸，被誉为"三大名纸"。纸业产销兴旺，光绪三十二年（1906年），富阳竹纸每年约可博六七十万金。

　　鸦片战争后，洋纸倾销国内市场，土纸的主要品种文化纸被排挤，濒临绝境。据《浙江之纸业》记载，富阳一带的槽户，由50000多户急剧下降到四千多户。在这种情况下，小源里汪村槽户改变工艺，造出白报纸；虹赤等地生产出昌山纸、宣纸；具有元书纸生产传统技术的大、小源槽户汪笑山等，生产出特种元书纸。这些价廉物美的新产品投入市场，与洋纸开展竞争，给外商很大的打击。但是，媚外腐败的清政府，不仅没有扶助土纸生产，相反用加重赋税和压低纸价的手段来限制纸农。一件元书纸，只能换八斤大米。如此低价，纸农累断腰骨，不得温饱。辛亥革命后，提倡国货，土纸生产一度复苏。

富阳市湖源乡的竹资源

民国初年至民国二十五年（1936年），富阳土纸业进入鼎盛时期。民国元年（1912年），富阳纸产量占全国土纸总产量的25%，其产值占全省手工造纸总产值的14%，从事纸业生产者，占全县总人口的五分之一，也是男性劳动力的三分之一。据浙江《建设月刊》载："富阳土纸价格自民国十五年（1926年）以后比较平稳，至民国十九年（1930年）十月，纸价飞涨，六千元书，由11元涨到15元，海放纸由5元涨到8元，'纸价涨，槽户发'，是年，富阳县有槽户10069户，拥有纸槽18864具，土纸产量118万担，产值867万元（银元），占全省土纸业产值的41.56%，名列省内各县之首；后划归富阳管辖的原新登县，有槽户926户，拥有纸槽926具，土纸产量44891担，产值27.6万元（银元），名列全省十六。"

1934年，全省大旱，富阳土纸价格大跌，元书纸从15元跌到5元，海放纸从7元跌到2元，槽户大伤元气，一下子锐减至230余户。1937年，抗日战争爆发，交通受阻，土纸运销困难。1939年10月，日军窜犯富阳土纸运销出入口的杜墓村时，烧毁土纸价值600万元，约占当时富阳县全年产值的70%。日军侵占富阳县城期间，烧毁纸槽84家，战火使富阳纸业一度又陷入衰败境地。抗战胜利后，土纸生产稍有恢复，但接踵而来的苛捐杂税，通货膨胀，又使槽户深受其害，纸业生产仍处于萎缩状态。据统计，富阳县土纸年产量由1936年的13512吨，下降到1949年的9480吨，槽户数由1936年的10069户，下降到1949年的3456户。"肩背雨伞小包裹，出门到处找槽户，三餐薄粥毛盐过，蓑衣笠帽当被铺。"这首民谣，真实反映了新中国成立前夕纸农的困境。

历史上富阳名纸竞出，从晚清到新中国成立初期，富阳传统名牌竹纸有湖源乡钟塔村的"大竹元"、"黄栗元"元书纸，新关"李平山"、"水清坞"元书纸，虹赤乡史家村的"上盘坞"元书纸，大源的"王大圣"、"杨连生"元书纸，上官的"金丝坞"、"无底潭"、"芝堂坪"、"大同山"元书纸，常绿的"里黄弹"京放纸，上里的"叶明记"京放纸，礼源的"姜芹波忠记"昌山纸，大源稠溪的乌金纸等

抄纸作坊

等。但"谢公笺"等纸因技术失传，品种已绝迹。

1949年5月，富阳解放，土纸生产恢复，成为农村一项主要副业，全县51个乡镇中，有44个生产土纸，占84.6%。竹纸产量以大源山区为最，龙羊山区次之。全县50多万农业人口中，从事土纸生产的有4万余人，以做纸收入为主要经济来源的达15万余人。土纸在全县国民经济中占有相当的比重。1952年土纸收入810.3万元，占全县农副业总收入的34.5%。

1960年，富阳生产出"超级京放纸"，出口日本。1964到1965年，常绿"里黄弹"、"石见坞"京放纸，被评为浙江省"超级纸"。湖源潘家坞口自然村四厂槽被确定为国务院专用纸基地，为外交部生产特需元书纸。为进一步提高元书纸的质量，富阳县还在潘家坞村召开了超级元书纸现场会，会议规定超级元书纸的生产规格、质量标准等一些具体要求。由于生产超级元书纸要求高，除了按规定支付每件的价格外，每年还奖励锦旗和一些化肥票。生产队派人将做好的超级元书纸挑到十里路外的公社所在地小章村供销社，由收购部门层层上调，管理十分严格，不准村里留一张纸。超级元书纸前后做了两年，供纸二百来件，由于价格偏低等诸多原因，1965年以后就不再生产。

20世纪60年代后，随着机械文化用纸的普及，手工文化纸市场丧失，富阳的纸槽数量锐减。

享有盛誉的富阳元书纸是富阳传统手工土纸的代表,到20世纪90年代初,富阳竹纸生产还遍及县内24个乡镇,主要集中在江南山区,尤以大源区为最。这以后,竹纸生产逐渐萎缩,但还拥有部分市场,一息尚存。1995年,富阳元书纸生产仅湖源一地,全乡削竹办料1570万斤,开槽205厂,从业人员820人,产纸1332.5吨,计51520件。其中,元书纸37500件,六门纸3750件,黄元纸7500件,红元纸2500件,宣纸125吨。到2005年,湖源乡新二、新三、中塔三个村,开槽96厂,从业人员768人,其中元书纸产量379吨,计17595件,为全市元书纸硕果仅存的一方产地。竹纸类中的祭祀用纸、卫生用纸,还有大源(新建片)、灵桥(礼源片)、里山、渔山、上官、湖源、常绿等7个乡镇仍在继续生产,涉及40个村,有槽厂472厂,从业人员3776人,总产量200800件,计重1837.3吨。

　　2008年9月,杭州市文物考古研究所和富阳市文物馆经过五个月的发掘后,在富阳市高桥镇泗洲村凤凰山北麓发现宋代造纸遗址。遗址总面积达22000平方米,包括造纸作坊和生活区,现发掘区位于作坊区,发掘总面积约2000平方米。泗洲村造纸遗址包含的遗迹基本反映了从造纸原料预处理、沤料、煮镶、浆灰、制浆、抄纸、焙纸等造纸工艺流程。中国科学院自然科学史研究所研究员、科学史教授潘吉星表示:富阳泗洲村造纸遗址是截至2008年发现的、国内惟一保存完整的造纸遗址和年代最早的造纸工场遗址,展

国家文物局专家组成员在泗洲村造纸遗址现场考查

国家文物局专家组成员在做文物鉴定

现了中国最早时期先进的竹纸生产工艺流程，不仅全国罕见，甚至震惊世界。

[叁]竹纸制作技艺的价值和影响

清光绪《富阳县志》载："浙江各郡邑出纸以富阳为最良，而富阳名纸以大源之元书为上上佳品，其中优劣，半系人工，亦半赖水色，他处不能争也。"

富阳竹纸经过一千多年的世代传承，具有一整套成熟的制作工艺，其制造工艺除原汁原味地保留了明代宋应星在《天工开物》一书中"造竹纸"记载的"斩竹漂塘、入楻蒸煮、水碓舂捣、荡料入帘、覆帘压榨、焙弄烘干"之外，技艺更加精致完善，在工艺技术上还有很多独创，如制浆过程中的人尿发酵工艺，是全国各竹纸产区绝无仅有的。这是富阳纸工在长期实践中的一项发明和创造。用这一方法发酵，因尿液中含有氮的代谢物尿素及嘌呤类化合物尿酸和盐类，能脱去其硬性的灰质，加快竹料的发酵软化，对竹类纤维的损伤较小，并使制成的纸张有较好的防虫蛀、防渗墨的效果。又如荡帘抄纸中的"打浪法"，抄纸工两手持帘入槽，荡起浆液入于帘内，竹帘随手腕动作而前后左右自如晃动，帘上浆液平衡荡漾，达到使湿纸厚薄均匀的效果。因这种抄纸法与众不同，独具特色，被手工纸生产界称之为"富阳法"（亦称"富阳帮"）。这些富阳特有的制作技艺，具有一定的科学价值。

还有富阳抄纸竹帘的制作技艺，在全国手工造纸业中首屈一指。竹帘用极细的竹丝为经，丝线为纬，手工编织而成，涂以优质土漆，具有帘丝细、匀、滑、韧的特点，能在抄纸时舒卷自如。据《浙江经济纪略》记载："民国十五年北平国货展览，富阳之竹帘得特等奖。"

长期以来，富阳竹纸的生产技艺依靠家族传承和师徒传承，其技法大同小异，各有小变而不离其宗。言传身教是主要的传承方法，但其中的抄纸、烘焙等绝艺，必须从小学起，全凭个人的悟性以及长期实践才能掌握，难于形诸语言文字。

富阳竹纸制作工艺复杂，传统制作技艺具有较高的技术含量和技术依据，其技艺及产品很难为现代造纸技术所替代。这些技艺是富阳造纸工匠在长期生产实践中的智慧结晶，是继承和发扬我国古代伟大发明——造纸术的一个重要范例，也是我国非物质文化遗产代表作之一。富阳的竹纸制作技艺，还是研究古代造纸史、经济史、工艺技术史及文化史的重要素材。

富阳竹纸自其肇始，就成为用以书写的文房用品。作为文化载体，它既承载了深厚的文化信息，又是历代文人学子题咏诗文的对象。

富阳竹纸制作技艺不仅继承了我国古代的造纸术，还在某些方面有所创新和发展。其价值主要体现在以下四个方面。

竹制龙灯

历史价值。富阳竹纸已有一千多年的生产历史，厚重的历史积淀，使其制作技艺继承和发扬了被誉为"人类最伟大发明之一"的古代造纸术，体现了中华民族的聪明才智和创造能力，是研究古代造纸史、经济史、工艺技术史及文化史的重要素材。

文化价值。陆游父子修订的《嘉泰会稽图》记载了竹纸的五大优点："滑，一也；发墨色，二也；宜笔锋，三也；卷舒虽久，墨终不渝，四也；惟不蠹，五也。"富阳竹纸自其肇始，就成为用以印书、书写等的文

富阳竹制品蒸笼

富阳市龙门风情节的竹马表演

房用品。作为文化载体，它既承载了深厚的文化信息，又成为历代文人学子题咏诗文的对象。历史上曾有众多的诗人词客为富阳竹纸题诗撰文。

工艺价值。富阳竹纸工艺复杂，传统制作技艺具有较高的技术含量和技术依据，其技艺及产品很难为现代造纸技术所替代。其中制浆技艺中的"人尿发酵法"、抄纸技艺中的"荡帘打浪法"等，是富阳传统竹纸生产中的绝艺。这些技艺是富阳人民长期的智慧结晶，也是我国非物质文化遗产的代表之一。

经济价值。富阳竹纸历史上曾是富阳山区农民的主要经济来源，也是富阳的传统出口产品。富阳竹纸除行销国内之外，自19世纪末20世纪初开始，就出口外销至日本、韩国以及新加坡、菲律宾等东南亚国家与地区。

历史上，富阳竹纸名品竞出，以其纸质柔软、卷舒虽久而墨终不渝、不为蠹虫蛀蚀的特点享誉国内外。行销国内江、浙、沪、京、津之后，自19世纪末20世纪初开始，就出口日本、韩国等很多国家和地区。清朝乾隆年间，虹赤史家村的"富春史尧臣"成了远近闻名的手工纸品牌，江苏、天津等地，只要看到盖有桃红色的"富春史尧臣"印章，即一路放行，畅通无阻。1920年到1930年间，上官金丝坞陈佐荪生产的特级元书纸，品名为"金丝坞"，名扬苏杭。其时，知名纸还有大源春一村王阿东生产的五千元书纸，品名"王大圣"。据张静庐的《中国出版史料补编》一书记载，19世纪末期，富阳竹纸中的六千元书纸，是浙江省唯一的出口纸张，远销日本和东南亚等地。自南宋至近代，京、沪等城市都设有专营富阳元书纸的纸行、店铺。用富阳元书纸制作的中式账簿、描红纸、各色信笺、大字簿等文化用品，更是遍及城乡，被广泛使用。富阳竹纸多次在国内外各类大型展示和比赛中，获得殊荣。1915年，富阳礼源山基村槽户姜芹波（忠记）生产的竹纸昌山纸，以"洁白厚重，匀净润泽"而获得国家农商部嘉奖，被列为最高特货。是年，在巴拿马万国商品博览会上，富阳竹纸中的昌山纸和京放纸，双双获得二等奖。1926年，在北平举办的国货展览会上，富阳的京放纸和昌山纸，分别获得二、三等奖。1929年，在杭州举办的第一届西湖博览会上，富阳竹纸中的乌金纸和元书纸获特等奖，槽户汪笑山的刷黄纸、王大圣的五千元书纸获一等奖。

新中国成立后，外交部曾每年向富阳订购特制元书纸，用于外交文本、档案制作。至今，日本、韩国等国对富阳竹纸中的元书纸，仍有较旺盛的需求。

富阳竹纸业的发展，不仅为本地经济作出了巨大的贡献，还对周边地区产生了一定的辐射和影响。民国初年，军阀混战，商路阻塞，纸商又乘机压低纸价，逼得部分纸农一批又一批地到桐庐、临安、於潜（今属临安）、安吉、孝丰（今属安吉）、德清、武康（今德清县城所在地）、余杭（今杭州余杭区）、嘉兴以及安徽等有毛竹资源的地方开槽造纸，或者靠传授造纸技术维持生活。不少富阳人由于造纸而最终定居他乡。因此，富阳纸师傅名声远扬，竹纸制作技艺也传授到了那些地区，对发展我省及我国的竹纸制造业有一定的贡献。

富阳竹纸的类别及品种

富阳竹纸主要品种有元书纸（五千元书纸和六千元书纸等）、昌山纸、京边纸、京放纸、乌金纸原纸、方高纸、表芯纸、厂黄纸、鹿鸣纸、大黄笺纸、五百塘纸、高白纸、时元纸、中元纸、海放纸、花笺等。

富阳竹纸的类别及品种

富阳传统竹纸种类繁多，由于历史变迁和社会需求的不同，其种类亦随着纸业的兴衰而变化。明代以前，对于富阳竹纸品种的详尽资料记录极少。宋代谢景初在富阳竹纸的基础上加工成"十色笺"，时称"谢公笺"，这是最早的具体品种记载了。真正详尽的富阳竹纸种类资料，则大多出于清末及民国时期，那时，也是富阳土纸的鼎盛时期。富阳竹纸主要品种有元书纸（五千元书纸和六千元书纸等）、昌山纸、京边纸、京放纸、乌金纸原纸、方高纸、表芯纸、厂黄纸、鹿鸣纸、大黄笺、五百塘纸、高白纸、时元纸、中元纸、

元书纸是富阳竹纸的重要品种，造纸传人李法儿在展示出口日本的特级元书纸

海放纸、花笺等。现根据有关资料，分述如下。

[壹]富阳竹纸的分类

　　富阳竹纸的类别按制造方法及原料分，有白纸、黄纸两类。白纸选料精良，用石竹六成、嫩毛竹白料四成混合制料，后因石竹资源不足，全部用嫩毛竹制料；黄纸类在选料上除嫩毛竹的竹皮外，还可用一些老或嫩的大小杂竹制料。以品种分，有元书纸、黄纸、屏纸。按用途分，有文化用纸、祭祀用纸、包装用纸、日用纸。

工作人员在检查元书纸质量

1. 按制造方法及原料分类

白纸类：元书纸、京放纸、鹿鸣纸、海放纸等。

黄纸类：黄笺纸、黄烧纸、段放纸、昌山纸、厂黄纸等。

2. 按品种分类

元书纸：元书纸、鹿鸣纸、京放纸、海放纸等。

黄纸：黄笺纸、黄烧纸、段放纸、昌山纸、厂黄纸等。

屏纸：南屏纸、金屏纸、溪屏纸、屏纸、方高纸等。

3. 按用途分类

书写用纸：元书纸、京放纸、昌山纸、花笺纸、毛边纸、中青纸、白料纸、谱纸、南屏纸、六千纸、白笺纸。

祭祀用纸：鹿鸣纸、短长边黄纸、黄烧纸、块头纸、厂黄纸、黄小京放纸、段放纸、黄笺纸、方高纸、连七纸、大连纸、南屏纸、千张纸、折边纸、徐青纸、连五纸、黄纸。

包装用纸：南屏纸、二细纸、昌山纸、黄笺纸。

日用纸：海放纸、黄元纸等。

很多纸的名称不同，是因为产地、用途、色泽、规格等有异，其实原料、制作方法、质地基本上是一致的。如京放纸，原料和抄制工艺与元书纸相同，仅因其尺寸仿效明清时江西贡品纸"连四"和"玉扣"的尺寸而名，时称"京

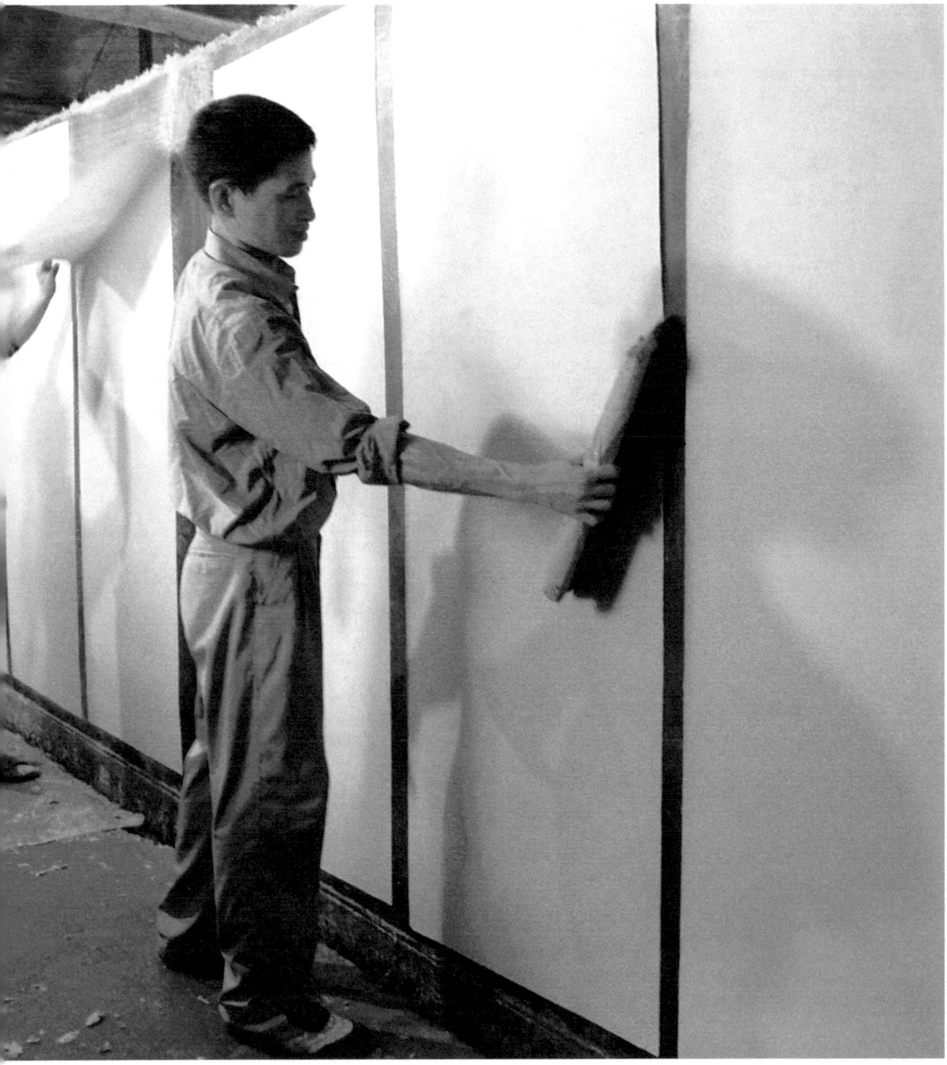

不同种类的纸张，其工艺也有差别。这是竹纸的煏弄烘纸。

中国古代造纸印刷文化村职工正在进行产品检验

仿纸"，后来才改称"京放纸"的；黄纸与黄烧纸是因为厚度上有差别。在用途方面，很多纸的功能不是单一的，如元书纸，既可以用来书写毛笔字，还可以用于包装茶叶、擦洗油污等。

[贰]富阳竹纸的种类变迁

1928年前，富阳县生产的十五种土纸中，以竹纸为多，有"谢公笺"、鹿鸣纸、花笺纸、元书纸、五千元书纸、六千元书纸、裱芯纸等；新登县的八种纸中，竹纸有竹贴纸、方高纸、元书纸、黄烧纸等。1928年后，富阳县的十七种土纸中竹纸有京放纸、段放纸、鹿鸣纸、海放纸、五千元书纸、六千元书纸、京边纸、黄烧纸、长边纸、昌山纸、厂黄纸、大黄笺纸等；新登县的七种土纸中，竹纸有屏纸、海放纸等。

富阳历代以来制造的土纸，1928年后仍生产的有元书纸（五千元书纸、六千元书纸）、鹿鸣纸、花笺纸、裱芯纸、黄纸、徐青纸、南屏纸、毛边纸、黄烧纸、方高纸、京放纸等。

至新中国成立初期，富阳生产的土纸品种有六千元书纸、五千元书纸、大京放纸、小京放纸、白报纸、绿报纸、大昌山纸、小昌山纸、黄京放纸、鹿鸣纸等四十五种。20世纪80年代，富阳土纸的品种减少到元书纸、白报纸、仿宣纸、机制元书纸、乌金纸、白金纸、土板纸等二十种。90年代以后，手工竹纸生产逐渐萎缩，但书画纸——宣纸却以其品种和价格的优势，在国内外市场占有一定的份额, 富阳宣纸有生纸、熟纸、半熟纸和加工纸四大类近二十个品种, 其中生纸品种有单宣、夹宣、棉料、净皮、特净等; 熟纸品种有蝉云宣、云母宣; 半熟纸的品种有玉版、竹浆纸; 加工纸的品种有仿古色纸、画心纸、古籍印刷纸、笺谱、洒金纸、瓦当联纸、连四纸和磁青纸等。

[叁]富阳竹纸的规格

富阳竹纸种类和用途多样, 为了便于流通与使用, 不同种类的竹纸在张数、刀数 (或重量)、规格上都有一定的规定标准。

1928年, 鹿鸣纸每件20刀, 共3000张, 尺幅是82×35.5 (厘米); 京放纸每件9刀, 2700张或1800张, 尺幅为52×25 (厘米) 或61×28 (厘米); 段放纸每件44刀, 共2200张, 尺幅为79×52 (厘米); 海放纸每件47刀, 共4230张或2030张, 尺幅30×40 (厘米) 或30×51 (厘米); 六千元书纸每件52刀, 8100张或4680

富阳竹纸种类丰富, 用途多样。

张，尺幅51×40（厘米）或60×40（厘米）；五千元书纸每件90刀或66刀，8100张或5840张，尺幅43×45（厘米）；京边纸每件9刀，2700张，尺幅49×104（厘米）；大黄笺纸每件90刀或70刀，7392张或6561张，尺幅26×33（厘米）或42×36（厘米）；黄烧纸每块高一尺为标准，尺幅35×29.5（厘米）或28×31（厘米）；昌山纸每件90刀，8100张，尺幅34×43（厘米）或75×33（厘米）；厂黄纸每件22刀，2880张，尺幅45×69（厘米）；元书纸每件54刀或52刀，5940张或4486张，尺幅42×50（厘米）或44×47（厘米）；黄纸每块8刀，1120张，尺幅28×30（厘米）；南屏纸每担48刀或20刀，8280张或2322张，尺幅48×28（厘米）或30×31（厘米）。

由于土纸生产时期、产地等的不同，以及消费者具体用途的不同，规格很难有一个完全统一的标准。有时，同一时期的同一品种也因不同产地，规格就有区别；有时，同一品种同一产地因产于不同时期，规格又有所不同。如六千元书纸，1928年前每件是52刀，1930年是53刀。1964年4月，根据浙江省土纸会议精神，土纸规格除坑边纸外进行调整，凡不足100张一刀的品种，全部改为每刀100张，以便于收购和零售供应计价。

至1956年，元书纸每件50刀，共5000张，尺幅是42×48（厘米）；海放纸每件20刀，共2000张，尺幅为30×40（厘米）。1975年，元书纸每件48+2破纸，共5000张，尺幅为42×45（厘米）；海放纸每件20

儿，共1900张，尺幅为32×38（厘米）。20世纪70年代至2003年，富阳书画纸生纸类的规格有三尺、四尺、五尺、大五尺、六尺、大六尺、七尺、尺八屏；熟纸的规格有三尺、四尺、五尺、六尺；半熟纸的规格有三尺、四尺、五尺；加工纸的规格有四尺、五尺、六尺、七尺、八尺等。

[肆]富阳竹纸的质量标准

以前，纸的质量没有化学分析作依据，也无检验质量的仪器设备，只是根据品种的不同，因地制宜地指定标准化的样本作为质量的根据。富阳每年订有元书纸、京放纸、卫生纸标准纸样各一套，分发到各收购点对样验收。

"洁白厚重，剔破盘足"，这是对土纸质量总的要求。分类要求是：文化纸色白光滑，拉力强，厚薄均匀；卫生纸色泽黄亮，纸张厚实，细洁，拉力强，吸水性能好。具体质量和包装要求是：元书纸、京放纸、白土报纸等文化纸质量标准是色白、光洁、厚薄均匀。包装方面，元书纸要求竹篾打件，直四横二，四面磨光；京放纸要求草席包捆，竹篾直四横二，大面磨光；白土报纸要求竹篾打件，直四横五，四面磨光。黄元纸、大海放纸、小海放纸、中表黄纸、京放黄纸、四才黄纸、裱芯纸等祭祀用纸，除光洁外，还要略带松，易燃烧，竹篾打捆，四面磨光。富阳土纸，不管是文化用纸或卫生用纸、祭祀用纸，每件纸侧都盖有红红绿绿的木质印记，以示品牌信誉。

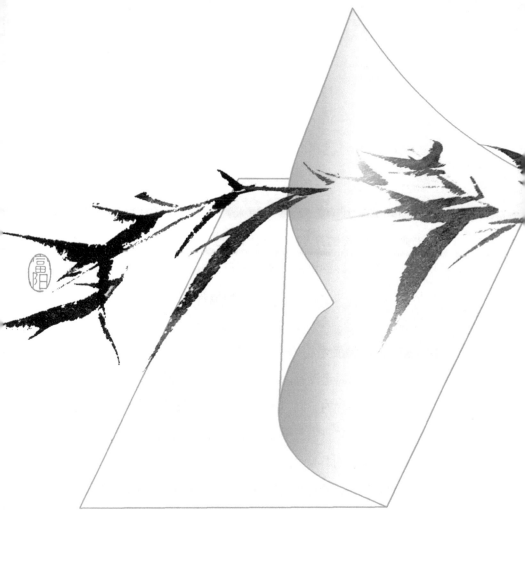

富阳竹纸制作的特点和工艺流程

从一根当年生的嫩毛竹变成竹纸，其间的制作工艺精细，技术要求高，共有七十二道工艺流程，所以在富阳的纸农中广为流传着『措手七十二，造纸非容易』的谚语。富阳竹纸制作的主要工序有三十道，每道工序一环紧扣一环，精工细作，不允许有半点马虎。从第一道工序砍竹到成纸，全过程需要六十天时间。

富阳竹纸制作的特点和工艺流程

[壹] 富阳竹纸制作的特点

富阳竹纸的传承、原料、水源、工艺和产品都具有鲜明的特征。传承特征，富阳自古以来民风淳朴，农民祖祖辈辈在本乡本土辛勤耕作，极少背井离乡，外出谋生，以前曾经广为流行"宁做故乡乞，不做他乡官"的说法。而制作竹纸可以就地取材，在家门口就能造出纸来，而且运输通畅，全家老少都可以参与其中，造纸的成本投入可大可小，资金周转较快，虽然造纸过程非常辛苦，但富阳农民认为，苦在故土上，苦中有乐，苦中有甜。这种传统朴实的民风民俗，是富阳竹纸得以代代传承的特征。

富阳竹纸的制作技艺依靠家族传承和师徒传承，言传身教是主要的传承方式。其中的抄纸、烘焙等绝艺必须从小学起，凭借个人的悟性和熟能生巧才能掌握。

原料特征。制作竹纸的原料必须是当年生的嫩毛竹，砍竹的时间以农历小满前后各半个月为最佳，因为毛竹在小满前后成材，用此时的嫩竹做纸，质量上乘。而当天砍下的竹，必须在当天削竹，当天落塘浸泡。富阳山区的土质以黄壤黄泥土和乌黄泥土为主，适宜

水运曾是富阳竹纸对外运输的主要方式

毛竹生长,所以毛竹资源十分丰富。

水源特征。水源质量的好坏是关系到竹纸质量的一个重要条件。自古以来,富阳竹纸名纸竞出,很大程度上得益于"一江十溪"的优良水质。富阳境内生态环境良好,江河溪流密布,尤其是竹纸主要产地的富春江南岸山区,群山叠翠,溪流清冽,水质优良,尤其以"冬水"制造竹纸为最佳。

工艺特征。富阳竹纸历经一千多年的传承,制作工艺精湛独特,在工艺技术上有很多独创,如全国各竹纸产区绝无仅有的制浆过程中的人尿发酵工艺、被手工纸生产业界誉为"富阳法"的荡帘抄纸中的"打浪法"。尤其是富阳抄纸竹帘的制作技艺,在全国手工造纸业中一枝独秀,竹帘用极细的竹丝为经,丝线为纬,手工编织

这是荡帘抄纸中的"打浪法"，被手工纸生产界称之为"富阳法"，亦称"富阳帮"

而成，涂上优质土漆，具备帘线细、匀、圆、滑、韧的特点，能在抄纸时伸缩自如。民国十五年（1926年），富阳竹帘荣获北平国货展览会特等奖。

产品特征。富阳竹纸品种很多，有元书纸、黄纸和屏纸三大类，其中元书纸是竹纸的代表产品，元书纸的颜色为浅淡米黄色，厚薄均匀，纸面带有明显帘痕，纸背带有毛茸，并伴有竹子的清香。元书纸非常适宜于毛笔书写书法作品，柔软耐折，并有良好的抗蛀性。纸张长期保存而不腐不蛀，且不易老化。

[贰] 富阳竹纸制作的工艺流程

从一根当年生的嫩毛竹变成竹纸，其间的制作工艺精细，技

砍竹

背竹

堆竹

断青

削青

拷白一

术要求高，共有七十二道工艺流程，所以在富阳的纸农中广为流传着"措手七十二，造纸非容易"的谚语。富阳竹纸制作的主要工序有三十道，每道工序一环紧扣一环，精工细作，不允许有半点马虎。从第一道工序砍竹到成纸，全过程需要六十天时间。

拷白二

1. 原料加工

砍竹 每一年的农历小满前后，毛笋迅速长成嫩毛竹，纸农们抓住时机，请来帮工上山砍竹，并把砍下的大捆嫩毛竹运往削竹场。

捆竹

断青 嫩毛竹运至削竹场后，被截成每段约2米左右长的竹筒。

背竹料到料塘

断料

浸坯

腌料

削青 纸农家里都有专为削竹用而搭建的架子，把青竹筒放在架子上，用削竹刀削去嫩竹的青皮，叫削青。削青的难度比较大，需要由能工巧匠操作。

拷白 削去青皮以后的嫩竹筒叫白坯。白坯需要在大石墩上反复甩打，直到嫩竹筒破裂成碎片为止。不容易碎的竹节需要用铁锤敲打，直到打烂为止。

落塘 把拷过的白坯用嫩竹篾扎成小捆，放入清水塘进行浸泡，浸泡时间为四至五天。

断料 捞起白坯，砍成五段，每段长约40厘米，然后用嫩竹篾把砍断的白坯扎成直径30厘米左右的小捆，每捆重量约15公斤，一捆称为一页。

浸坯 把洗干净后捆扎好的白坯料放入腌料塘，浸泡在塘里的石灰液中。石灰液的配置浓度以能够黏附竹料为适宜。一般100斤石灰加清水40担后，可以浸泡600余页白坯料。白坯浸泡后在腌料塘边堆放一至两天。

入镬 把堆放后的白坯料竖放在纸镬内，一次可竖放600至700页料，加水把白坯料浸没，然后把顶部封闭。

烧镬 镬底烧火，日夜蒸煮，蒸煮的时间根据毛竹料的老嫩、气候的冷热而稍有长短，一般需要五

入镬

烧镬

出镬

翻摊

天才能煮熟。

出镬　把煮熟的竹料从纸镬中取出，要求马上浸入清水塘中，防止石灰质干燥后黏结在竹料上。

翻摊　竹料在清水塘中浸泡时间为五至十五天，浸泡期间需要经常冲洗竹料，并且调换清水后继续浸泡，需要冲洗五至六次，直到去尽腐质。

缚料　把翻摊冲洗干净的竹料重新整理捆扎。

挑料　把重新捆扎好的竹料挑到尿桶边。

淋尿　把竹料放入尿桶，用纯净人尿淋浸一遍，脱去竹料上硬性的石灰质，促使竹纤维软化。

堆蓬　把淋过尿液的

淋尿

竹料横放着堆叠成蓬, 用青干草垫底、盖顶, 并且围住四周, 令蓬堆密封。堆置的时间与气候有关, 天热需堆置一周, 天冷需堆置半月, 让竹料自然发酵。

落塘 把堆过蓬的竹料竖放在清水塘中, 叠成数层, 用清水浸泡十至十五天, 直至水色转红变黑, 说明竹料已经成熟。

榨水 把成熟后的竹料运到榨床处, 榨干水分。至此, 富阳竹纸的原料加工完成, 这种全部用嫩毛竹做的竹料叫做白料, 加上优质水, 可以造出好纸。

2. 制作成纸

榨水

脚碓舂料 把白料放在石臼内，靠脚力用脚碓反复踩踏，使舂齿不断舂打白料，直到白料成为细末。

捡料 取出石臼内的细末料。

掰料 把细末料均匀地掰碎。

浆料入槽 把掰碎后的细末料放入纸槽内。

木耙搅拌 在纸槽内放入清水，用木耙反复搅拌。

捞去粗筋 在搅拌过程中，发现有粗筋及时捞出，直至细末料和水溶解均匀，成为浆液。

入帘抄提 这道工序是全套竹纸制作流程中难度最大的。由抄

舂料

纸工两手拿着纸帘把纸槽内的浆液荡在纸帘上，要求通过手腕的晃动，使纸帘上的浆液厚薄均匀。接着，帘床向前倾斜，晃出多余的浆液或残留的粗纤维，使纸帘上沉淀下一层纸浆膜，也就是湿纸。把纸帘上的湿纸反扣在纸架上，留下湿纸。如此反复不停地抄，一次次反扣湿纸，使纸架上的湿纸整齐地增高，形成纸块。

技艺精良的抄纸工抄纸速度快、抄的纸均匀，手上功夫堪称一绝。抄纸活十分辛苦，冬天纸槽内结了冰，抄纸工在冰水中操作，双手冻得麻木。

压榨去水 反扣在纸架上的湿纸达到约500张时，移到榨床，榨去水分。榨去水分后的长方形纸块叫做纸筒。一般每个纸槽一天可以做出1000张纸。

牵纸、晒纸 把纸筒上粘在一起的湿纸一张张地牵出来后，在焙弄上烘干叫做晒纸，牵纸和晒纸是必须连续进行的一道工序。晒纸工用鹅榔头在纸筒上划几下，摄住纸筒的右上角捻一捻，使一侧的纸角翘起，然后鼓气一吹，用手逐张撕起，贴在刷着稀浆液的焙壁之上，并用松毛刷快速刷动，使纸张平实。顷刻，烘干的纸角自然翘起，就可以按次序一张一张撕下来，剔除破纸，收集成一刀。晒纸虽然比抄纸轻松，但是，它的技术要求也很高，如果用力不当，湿纸就会破碎，晒纸工必须运气吹纸，动作干脆利落，除了要求速度快，还要求纸晒得平整，堆放得整齐。

匀浆

牵纸

室外晒纸

室内晒纸

数纸、捡纸 把晒干的纸整理好，并用木榨压平，按每刀200张、每52刀为一叠的规格数好。

整理成件 用嫩竹篾把纸捆扎起来，每一叠捆成一捆，称为一

切纸

盖印

包装

成品

件或一块。

磨去纸边　把捆扎好的纸的毛边用砂石磨砖磨光,使其平整美观。

盖印　在磨光毛边后的纸件四边敲盖上红色或蓝色的印章,标明何地、何人制造。

[叁] 富阳竹纸制作的器具和设施

富阳竹纸竹浆制作的主要器具和设施有砍竹斧、钩刀、篾刀、削青刀、拷白榔头、铡刀、石滩(石灰池)、纸镬(又称皮镬)、滩塘(又称料塘)、脚碓(或水碓)、水桶、料袋等。

竹纸制作的主要器具和设施有:

纸槽　用木板或石板围成,长约2米,宽约1.5米,深约1米。

抄纸竹帘　传统手工造纸的重要工具,用细竹丝为经、丝线为

纸工在纸槽边抄纸

纬编织而成，涂以优质土漆。

抄纸竹帘

帘床（也称帘架） 木制的长方形框架，面积大小与竹帘相一致，作用是抄纸时承载浆液和竹帘，竹帘放置帘床上后，横向两侧各加押手，使竹帘不致脱离帘床。

纸架（也称接纸台） 放置在纸槽右边，下面垫放叠湿纸用的底板。

木榨（也称榨床） 用原木做成的架子，利用杠杆的原理，榨去湿纸块的水分。

焙弄烘晒

焙弄（也称煏弄） 在室内中间砌起夹墙，在一侧烧火使墙身受热后，用以贴纸烘晒。焙弄用砖砌成，用桐油石灰抹面，平滑光洁，中空处通火，两面墙体称为焙壁。自20世纪60年代起，部分焙弄的焙壁改用铁板，称为"铁煏弄"。

鹅榔头（也称窝榔头） 木制，光滑，状似鹅头。

富阳竹纸制作时还需用到的一些辅助工具有水耙、水勺、抬纸架、棕毛刷、叠纸台、捆纸架、磨石、竹篾、箬壳、印章、刷子等。

磨纸石

草鞋

大手巾

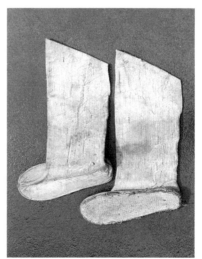

上山袜

敲节锤

砍竹斧

龙刨

段料刀

刮青刀

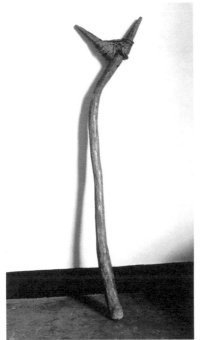
笪柱

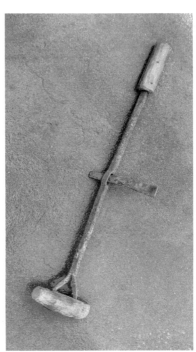
铲头

砍竹刀

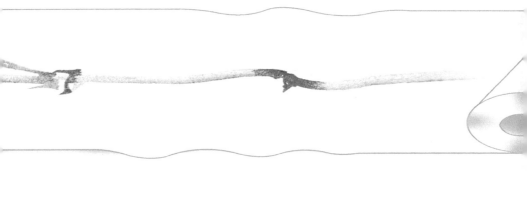

富阳竹纸制作技艺文献选摘

元书纸是富阳传统手工竹纸中的著名品种，它呈淡米黄色，纸质松软，纸面略显毛茸，有明显帘纹，略带淡雅的竹子自然清香。一般用于书写、裱画或制作账册簿籍，印制描红纸、信笺等。

富阳竹纸制作技艺文献选摘

[壹]李扶与富阳元书纸

元书纸是富阳传统手工竹纸中的著名品种,它呈淡米黄色,纸质松软,纸面略显毛茸,有明显帘纹,略带淡雅的竹子自然清香。一般用于书写、裱画或制作账册簿籍,印制描红纸、信笺等。

用竹造纸是我国古代造纸史上一个重大的原料和工艺突破。富阳盛产竹子,竹林面积和毛竹立竹量均占浙江省的第二位,仅次于有"中国竹乡"之称的安吉。加上富阳素有手工造纸的传统,因此,竹纸历来是富阳传统手工纸生产中的一大名类,产品名目繁多,其用途也各不相同,其中以富阳元书纸最为著名。

据传,富阳元书纸始于南宋绍兴二十三年(1153年)。宋室南渡,定都临安(今杭州市)之后,杭州成了全国的政治、经济、文化中心。南宋小朝廷偏安江南一隅,文恬武嬉,耽乐湖山,醉生梦死,加上中原地区的大批勋戚、达官、富贾、士子南渡杭州,促进了经济的畸形繁荣,杭州成了全国最大的消费型都市。在文化消费方面,随着宋代最高学府国子监从汴京(今河南省开封市)迁到杭州,大量的国子监监本书籍大多在杭州开雕印刷。宋代文人有编撰前人或自己个人著作刊行的风尚，随之而起的是杭州民间刻书业的兴起，书坊、书肆星罗棋布，遍及大街小巷，杭州成了全国的印刷业中心。陆深在他的《金台纪闻》一书中说："印书以杭州为上，蜀本次之，福建最下。"可见当时杭州印刷业在全国的地位。吴自牧在他著的《梦粱录》卷十三中记载，杭州的书铺、裱褙铺、纸铺、纸扎铺等专门经营纸和纸制品的商行店铺，"自大街及诸坊巷，大小铺席，连门俱是"。印刷业的兴盛，增大了对纸张的需求。囿于当时的运输条件，原先从川、闽、赣等纸产区调运纸张不仅路途遥远，难以为继，而且运输成本高昂，已无法满足日益增长的纸张需求，势必要寻觅距杭州较近的纸产区生产价廉质优的印刷用纸。作为杭州近郊的富阳，本来就有造纸的习惯和基础，而且皮纸有名品，史有记载。于是，南宋朝廷饬令时任富阳知县的李扶在富阳督造印书纸。

李扶，字持国，建州松溪（今福建省松溪县）人，宋高宗绍兴十五年（1145年）进士。据《宋诗纪事小传补正》卷三载，他曾任兴国军永兴（今湖北省阳新县）县丞，摄大冶县（今湖北省大冶县）事，在任期间"招抚流散，安集田里，百姓晏然"，政绩显著，口碑良好。绍兴二十二年（1152年）调任富阳知县。李扶的家乡建州松溪县，也是著名的竹纸产区，他利用富阳盛产毛竹的优势，雇请建州纸工，抄造竹纸。但几经试制，终因富阳竹纸脆软疏松，纸面毛茸，不堪印书。但可供国子监生起草文稿和练习书法之用，故称其纸为"元书纸"，"元书"有文章、书法草稿之意。自从元书纸有了其用途的标准定位之后，富阳纸工对元书纸的抄造工艺不断改进和改良，技艺精益求精，形成了颇具特色的制作方法。

富阳元书纸从削竹断料到烘焙成纸，要经过七十多道工序，生产全过程约需六十天，因此纸农有"片纸非容易，措手七十二"的谚语和"敬惜字纸"的劝诫，道出了传统手工造纸的艰辛。尤其是富阳元书纸生产过程中的人尿发酵法，是有别于其他竹纸产区的一种颇具特色的工艺手段。用人尿发酵，因尿液中含有氮的代谢物尿素及嘌呤类化合物尿酸及盐类，能加快竹料的发酵腐烂，对竹类纤维

文化部门通过座谈会的方式征集富阳竹纸的传说

的损伤较小。人尿发酵法，是富阳纸工在长期实践中的一项发明和创造。

由于富阳元书纸工艺独特，市场定位准确，因而它一问世，就受到人们的欢迎。富阳民间谚语有"京都状元富阳纸，十件元书考进士"之说，意为勉励学子用功读书，专心作业，只要认真用完十件元书纸，就有望考中进士。由此可见，富阳元书纸之用于学生簿籍，由来已久，蜚声于国内。自南宋直至近代，江、浙、沪乃至京、津，都设有专营富阳元书纸的纸行、店铺。用富阳元书纸制作的中式账簿、描红纸、各式信笺、大字簿等文化用品，更是遍及城乡，被广泛使用。又据张静庐所著《中国出版史料补编》记载，民国初期，富阳元书纸是浙江省手工文化用纸中唯一的出口产品，远销日本和东南亚等地。

（作者周秉谦系中国造纸协会纸史委员会副秘书长）

[贰]史尧臣与上盘坞元书纸

大源镇东南部的史家村，自宋末元初以来，一直是富春史氏的最大聚居地。这里群山环抱，地势东南高、西北低。东有百药山，与萧山交界；南对普恩岭，与常绿一岭相隔；西面山峦重叠，一溪自东南向西北流出村口，汇入大源溪。四周无大块平原，仅沿溪有小块狭长坡地，山林约占总面积的90%。这里四季气候分明，满山遍野的毛竹，皮薄肉厚，是造纸的好原料。因此，史家村人历来以做土纸为业，到处有纸槽，人人擅造纸，世代相传，直到20世纪末。

史家村造纸的鼎盛时期开始于清朝乾隆年间，这与史氏的一位先贤、传奇人物史尧臣有关。

史尧臣，讳圣宗，字尧臣，国学生。生于清康熙五十八年（1719年），卒于清乾隆五十一年（1786年）。先时尧臣家贫，靠务农和打工（帮槽户做纸）度日，但他"夙兴夜寐，克勤克俭"，并在其楼姓夫人的精心协助下，"以致田园日扩，家资万金"，逐渐发展为"富甲一乡"的财主。史尧臣致富后，首先想到充分利用山林资源，发展和扩大传统造纸业。据记载，史尧臣手中先后共购进十八个庄口（即山坞）的毛竹山，约有七八百万斤立竹量，发展到四十八只皮镬（即纸镬），一百多家槽厂，除史家本村外，周边的山支头、中方坞、菖蒲坑、桑石岭等村都有史家的槽厂。当时，富春江南曾流传这样的民谣："朱禄年（灵桥人）的谷，史尧臣的竹"，足见史家造纸声名鹊起。据行家估算，史家造纸直接操作工就需六百多人，再加上繁忙时节的辅助工，可见其事业的兴旺程度。

史尧臣生产的纸以元书纸、六千元书纸、海放纸最为著名，这些都是熟料纸。史尧臣很会经营，尤其注重质量，严格把握造纸过程中的各个环节，做到青竹斫得嫩，青皮削得光，石灰浆得透，竹料煮得熟，滩水翻得清，白料捣得细，纸浆淘得匀。加上山泉水质良好，还拥有一大批抄纸和晒纸的行家高手，做出的元书纸达到光、洁、白、匀、不逃墨色，不易虫蛀，成为当时上等书写用纸。史尧臣出销的成品纸包装结实整齐,不短斤少两,无缺张和破纸,因此声誉卓著。史尧臣之后,他的五个儿子元相(武庠生)、元洪(国学生)、元贞(国学生)、元英(岁贡生、候选训导)、远坤(登仕郎),不但勤于学业,而且继承了家业,使史家造纸业继续发展和提高。在清朝和民国时期,史家的纸大部分在大源纸行经水路出货,销往江苏和天津等地,而这些地方只要看见盖有桃红色"富春史尧臣"的印章,即一路放行,畅通无阻。史家的纸在大源纸行、富阳纸行和杭州湖墅纸行,都能卖到最高时价,并毋须开箬检验。因此,"富春史尧臣"成了远近闻名的手工纸品牌,史家村也成了富阳著名的土纸之乡。像史尧臣这样"数十年间得备尝其艰苦而后亲见其炽昌"的人并不多见,因此民间留有诸多传说,最为后世所津津乐道的,是说尧臣一家因行善积德,而在观音殿佛座底下得到意外的藏银,从而发迹。史尧臣夫妇因"创业肇基"和对造纸的发展功绩最大,而一直被子孙后代奉为最受尊敬的祖先。

史家村的造纸业历经数百年而不衰。新中国成立前后,史家村仍保持有几十家槽厂,而在众多的纸槽中,要数坐落在上盘坞、下盘坞、蜻蜓湾和梅树坞的槽厂做的元书纸质量最佳。这几个小自然村都隐藏在大山深处的小山坞中,过去人烟稀少,槽厂建在竹海之中,斫竹最方便,青竹最新鲜。上盘坞取的是石墙湾的水,下盘坞取的是金竹湾的水,蜻蜓湾取的是百药山的水,梅树坞取的是泉湾的水，这些出水口都是砂石山，"头把水"特别清澈又无丝毫污染，成为得天独厚的条件，加之在精工细作上继承了史尧臣时的优良传统，因此纸的质量始终保持上等水平。

清朝末年，下盘坞史久华开设的纸槽制造的"史久华"元书纸，就已成为远近闻名的品牌。后来，槽厂传到其子史济镕手上。史济镕虽读书出身（郡增生），自己在外教书，但槽厂聘请当地有名的师傅把作，继续使用"史久华"牌号并保持元书纸的优良品质。抄纸的主要有俞正山、史达山、史见山，晒纸的有张其昌等。

与史济镕同时，神功山人张秉铨看好上盘坞的水质与竹林，来此开设槽厂，生产的"张秉铨"元书纸更成为一时之绝。终年为其办料的师傅叫何张见。后来，张秉铨之子张永泉继承槽厂，保持"张秉铨"品牌，直到20世纪50年代中期停槽。因此，在《富阳县志》的"纸业"篇中，"上盘坞元书纸"被列入新中国成立初期富阳的传统名牌土纸产品。

后来，上盘坞所办的竹料集中到下盘坞纸槽继续生产。集体化后，下盘坞（含上盘坞）变成了史家七队，而优质元书纸的生产从未中断，直至20世纪60年代末70年代初，还生产出相当数量的超级元书纸。据说这些超级纸，四角斗方，用手拉住四角，中间放块泥砖而纸张不会破损。

另外，民国时期蜻蜓湾的史盛泉槽厂生产的"史宝琛"元书纸，

史习生槽厂生产的"史美成"元书纸也都是优质品牌元书纸,尤其是头镀料都能做出薄坯纸。比较好的做纸师傅有才发、才方、史美裘、史美庭、李正高、盛本善、李明祥等。

下盘坞、蜻蜓湾的元书纸生产一直延续到20世纪80年代末。

(作者史庭荣系《中国富阳纸业》主编、富阳市文史专家)

[叁] 董伟邦和乌金纸

乌金纸,又称匦纸、打箔纸,是一种用苦竹为原料制成的竹纸为原纸加工而成的名贵工业用纸,用于打制金箔、银箔、铜箔和铝箔。金箔是利用黄金特殊的延展性能经锤打加工而成的黄金箔(薄)片,最薄的金箔其厚度仅有十万分之一厘米,平均地延展后仍然组织致密,保持黄金的理化特性。金箔用于佛像、宫殿、寺院、豪宅的装潢,以及名店招牌、匾额、楹联上的金字。它的制作工艺是把金片包入乌金纸内,经木槌或铁锤千万次锤打而成。

清代末年,大源乡稠溪村(今大源镇春一村)董丰年纸号槽户董伟邦,以生产优质元书纸驰名江、浙。绍兴制箔客户闻其名登门求做乌金纸原纸,并在上虞、绍兴等地采购苦竹原料,委托董伟邦加工。董伟邦祖先从清代乾隆年间就以做纸而名传乡里,其家道殷实,所居称"台门里"。世代以造纸为业的董伟邦,颇有创新的观念,经过反复试制和实践,终于抄制出符合打制金箔要求的乌金纸原纸,并在质量上远胜上虞、绍兴生产的同类产品。自此,大源乡稠溪村生产的乌金纸原纸声名鹊起，名播上虞、绍兴、南京等金箔主要产区。民国十八年（1929年），在杭州举行的第一届西湖博览会上，富阳大源乡稠溪村的乌金纸荣获特等奖。

1973年大源春一村在江苏南京东山金箔厂（今南京金箔集团）帮助下创建了村办企业富阳乌金纸厂，利用本村生产的传统产品乌金原纸加工乌金纸，并有少量在厂内打制铜箔、铝箔。全厂职工八十余人，年产乌金纸一千副（每副2400张），产品主要销往南京金箔集团。

大源春一村加工乌金纸的传统制作流程大致如下：

原纸预处理：选用特制竹纸，裁切成长19厘米、宽18厘米的小张，逐张用木槌敲击，以提高纸的紧密度，使竹纸呈半透明状态。然后压平、伸直、夹正，使之降低伸缩性，平整方正。

制取灯黑：灯黑是炭黑的特殊品种，传统的制取方法是在密室点燃数以百计的以植物油为燃料的油灯，灯盏上方置一瓦片，每隔几十分钟，即用鹅毛刷取积在瓦片上的油烟。植物油大多采用青油（柏子油）、桐油、豆油或菜油，因其碳氢化合物在空气不足时的不完全燃烧情况下，烟炱质细、轻松、黑浓。制取灯黑是乌金纸制作过程中很关键的一道工序。

和胶：用动物骨或皮熬制的骨胶、皮胶为胶黏剂，掺入灯黑充分混和搅匀，使之成为漆黑光亮的烟胶。

涂布：用羊须排笔蘸上烟胶，均匀地涂刷在经过预处理的竹纸上，俗称刷胶。刷胶是乌金纸品质优劣至关重要的工序，烟胶涂刷在竹纸上，不仅能增强纸的强度和耐锤度，使纸能承受千百次的锤打而不破损，还因为烟胶中的部分炭黑颗粒能填充到竹纸纤维隙内，使之更加致密坚紧，避免黄金损失。刷胶一般需刷涂四次才能完成，即纸的正面刷涂一次，烘干；反面刷涂一次，烘干；正面刷涂第二次，烘干；反面刷涂第二次，再烘干。

经过以上工序制作而成的乌金纸，色泽乌黑光亮，纸质紧密坚挺，抖动时有如金属声响，因名之曰乌金纸。

（作者周秉谦系中国造纸协会纸史委员会副秘书长）

[肆]金丝坞与上官纸

在山环水绕的上官乡，循石板岭而行至金竹坪，在它的右前方有一个名叫金丝坞的深山坞。上世纪二三十年代，当地村民陈佐荪曾在这里兴办造纸厂，生产出特级元书纸，成为一段佳话。

陈佐荪，上官乡周村人，一位德高望重的陈姓族长。平时善于言表，乐作民事调解，享有声誉。民国初，他选中石板岭的金丝坞开槽造纸。利用四周遍布的竹林资源和金丝坞的清莹溪水，建了两厂长槽，长年作业，聘请本村的做纸师傅陈泮泉生产元书纸。经过精心制作，称为"金丝坞"的元书纸，终于飞出深山，名扬苏杭，成为富阳的一张历史名纸。

　　上官造纸，历史悠久。千百年来，在不同时期曾经制造出诸多纸品。据不完全统计，主要有薄坯纸、表黄纸、小黄尖纸、大黄尖纸、大海放纸、小海放纸、大昌山纸、小昌山纸、大京放纸、小京放纸、元书纸、五千元书纸、黄元纸、塌表纸、坑边纸、洋白纸、书画纸、乌金纸、四六屏纸、卫生纸、原坯纸、锡箔纸等，其中不乏佼佼者。特别是元书纸，可称一绝。直到上世纪五六十年代，国家还几次专门订购，为供特需。

　　上官元书纸，优中之最当数薄坯纸，行家常称之为"超级元书"或"元书极品"。时公坞业主陈祥安的"无底潭"元书纸就属这一优质品牌。据说，在封建时代，这种纸专供朝廷，用于做簿册、著书立说、文书契约等永久性资料之用，不仅书写流利，且具经久不蛀的优点。还有石板岭业主陈增安生产的"芝堂坪"、大同岭业主陈荣安生产的"大同山"等，都在一个较长时期内享有盛名。其中，大同岭九岗坞的"大同山"品牌，直到1965年还生产出优质元书纸，被誉为超级元书纸。

　　上官元书纸多名品，这与当地拥有得天独厚的自然环境和广大纸农精益求精的敬业精神是密不可分的。上官镇位于富阳江南中部的高地，海拔均为800多米的双峰尖与万寿山于东南夹峙，逶迤的剡溪自石板岭之谷奔泻至富春江。全境毛竹资源多达数百万竿，为勤劳的上官镇纸农施展才干提供了广阔天地。而且，上官镇东临常绿,南面湖源,西接龙门,北依新关,居高临下,纸工群集,上官镇造纸因此具有明显优势。

上官元书纸对原料的选择认真。首先要求青竹,嫩到未放竹桠前砍削,所以青竹的砍、削时间控制得极严格。其次,要求水质良好,从办料到抄纸,所用之水不仅洁净无尘,而且对水中所含成分也有讲究,所有纸槽都选置在深山老林中。中塔岭、石板岭、时公坞的水都属龙门山的火山岩水系。大同山唯独九岗坞的溪水宜产高级元书纸。三是制作工艺必须严谨、精细,从削竹、办料到抄纸、晒纸、磨纸、包装,每道工序都必须严格把关。如必须用熟料、人尿腌制,用脚碓捣料等。

20世纪80年代,日本纸业代表团曾两度专访上官镇,了解竹纸生产情况,并给予甚高评价。

[伍]元书纸的传说

相传,北宋年间,仁宗皇帝每年正月初一要到太庙祭祖。庙祭要写一篇祭文,可当时写祭文用的是很脆的棉藤纸。有一次仁宗皇帝去庙祭,刚拿出祭文,一阵寒风便把那张祭文"嗞"的一声给撕裂了,皇上龙颜大怒。随行的大臣吓得不敢出声。

转眼又快到庙祭的时候了,皇帝传下旨来要写一篇祭文。文臣皆恐,不敢接旨。宰相富弼因为与王安石不和,很想要王安石在皇帝面前出丑,忙上前奏道:"万岁,王大人学识渊博,语言流畅,笔力雄健,写祭文,没有比他更合适的了。"仁宗皇帝马上准奏:"王爱卿,此事就交给你了。"

王安石不敢抗命,连忙接旨。按理说,凭王安石的才能,写一篇祭文小菜一碟,根本不在话下。可怕就怕在没有写祭文的好纸,怕又被风一吹就破,会再次惹怒皇上。

王安石领旨后,连忙派人四处采集纸张,可送来的纸张连自己都不满意,何况皇上。时间一天天过去,眼看快到正月初一了,纸的问题还是没有解决,王安石寝食不安,急得火烧火燎。

一日,同朝为官的吏部大臣谢景初来访,看他愁容满面,忍不住问他为何发愁。那年,王安石在浙江鄞县任知县,谢景初也在毗邻的余姚任知县,两人来来去去交往甚密。看到老友到来,王安石便把自己的难题和盘托出。

谢景初每次回老家探亲都会带些礼品给老乡们,乡亲们也知道他喜欢书法,就送他自己做的土纸,所以府中常常备有赤亭纸。见老友急需,当即差人回府中取来。王安石一试,果然落笔粗细自如,书写畅如游龙,不禁心中大喜,一口气写就祭文。

正月初一这天早上,仁宗皇帝即传旨摆驾,文武百官随班伺候,凤旆龙旗,旌幢符节,金瓜月斧,一对对罗列在前,御林军簇拥着龙辇,浩浩荡荡地来到太庙。

王安石恭恭敬敬地递上了那张祭文。皇上接过祭文,只见此纸张薄若蝉翼，韧力似纺绸，字迹清楚，纸质洁白，手叩有音，微有竹子清香，比朝廷用的纸张还要美观，顿时龙颜大悦，连忙问道："王爱卿，此物产于何地？"王安石忙指了指一旁的谢景初说："此纸为谢大人所提供。"

谢景初忙上前一步说："陛下，这是南方最有名的赤亭纸，产于微臣家乡浙江富阳。采用嫩竹料作浆，精工细造，用于书写，不易褪色，不易虫蛀。"

仁宗皇帝听了，非常高兴，立即下旨，将赤亭纸作为朝廷公文用纸。此时，站在一旁的宰相富弼心中很不是滋味，本想刁难王安石，想不到弄巧成拙，赤亭纸不但为他解了难，而且还让王安石出尽了风头。

从此以后，富阳赤亭纸名扬天下，由于谢景初为纸的制作和推荐出了大力，百姓称之为"谢公笺"，和汉末晋初的"王伯纸"，唐代的"薛涛笺"齐名，同为我国历史上的三大名纸。赤亭纸曾因皇帝元祭时用它书过祭文，所以被称作元书纸了，一直至今，连字典上也是这样解释："元书纸：一种文化用纸，供书写或作簿籍用，产于浙江。"

[陆]纸价贵贱时的槽户员工

纸货行情好时，那些做纸生产的老板们则两头吃香。他们连算盘珠也不用自己拨，雇账房先生理财，收"学生仔"为"奴"，别说每天山珍海味，食来张口，擦把汗有人侍候着递毛巾，连尿壶也是"学生仔"倒洗的。他们既经营土纸又兼营粮食，抗战中富阳城陷被封江，大源街上的纸米行一爿紧挨一爿，加上布庄、药房、南北货店和饭馆酒家，从大源入口处的"蛇头上"开设到关帝庙前，足有一里多长。由于他们财大气粗，其中有的成了镇上最有说话份的场面上人。这些槽户和纸米行老板，出入以"兜子"（风凉轿子）代步，轿后还有跟班、保镖。他们去颇具规模的店家购物进货，如蔡德盛、马俊记、立生堂等不必另备现金，而是由一个个的"金折"——相似于现在的名片或金卡记之，只需到年终付账。

纸货行情好时，不要说"白领"阶层如此风光，连造纸师傅也提高了身价而被笼络或收买，尤其是会使一根竹变一张纸的全能技工，最受青睐。

在纸货行情一天天上涨时，普通员工也是蛮走俏的，有时竟连一个"补洞"工也不易叫得到。那年月雇主与员工一旦发生矛盾，一般则以双方退让妥善解决。这一方面是雇主审时度势作些退让以补偿留住人才；另一方面，员工则考虑到万一纸价下跌，槽厂停开招致失业，来个"人情留一手，日后好相见"！但也有矛盾激化之时，乃至有白天全村统一停槽（罢工）与老板讲工钱未果的。这种集体罢槽实是有组织的统一行动，称得上同业公会最早在纸乡的萌芽。

一旦纸价持续走高，哪怕是从事脚力肩力的搬运者此时也顿显

风光,精神头儿十足。一担纸从几十里远的山里挑到大源街上,叫做
"拔出笃柱要铜钿",即放下扁担就能拿到丰厚的脚力钱。于是,不
必啃冷饭包,而是上馆子改善生活,老酒两斤,猪头肉一盘,酒足饭饱
之后,再上肉铺斩肉数刀(大块)挂于扁担头上,带回去让家人共享!

然而,纸价持续大跌,槽户存纸卖不出去,只好停槽或是歇业
之时,同是这些纸乡山里人,做纸春料的,挑脚运输的,因中断了
唯一的收入门路,连家里的米桶也底朝天,只好"糠菜半年粮",
乃至老老少少上山掏"乌龙"、葛麻以度饥荒。于是乎,一担担挑纸
出,一担担挑粮进的盛况消失了,所见尽是一担担、一车车(独轮
车)的箱子脚橱、桌子板凳,乃至睡床和门窗板壁,去到坂里人家
换回点粮食。照老乡们自己的话说,家里连"屋肚肠"也卖空了。那
些人多吃口重的人家,竟将自己的子女也换为粮吃,"卖"给别人家
"领养"或是去当童养媳。他们凄苦地说着同样的话:给孩子们一
条活路么!

当然,这些都是旧时往事了。

[柒]纸乡风情

富阳历史悠久,境内富春江风光绮丽。勤劳聪慧的富阳纸乡人
民,在造纸过程中还不断创造出各种造纸文化及独特的纸乡风情。

祭祀文化 槽户每逢第一次开山斫竹,必置办些香、烛、纸元宝
及烧纸等祭品,对供作神的造纸始祖蔡伦行虔诚的跪拜礼,祈求佑

护今年顺利平安,然后再正式开始上山斫竹办料。另据大源骆村的老一辈纸农说,他们那里是每年农历七月十三才正式祭拜蔡伦的诞辰日、卒忌日或是最早出纸日。在上官竹纸产地,正月十五、七月十三,纸农抬着蔡伦像,由族长带队,成群结队行往当地的土地庙,顶礼膜拜,还进行卜算,预卜当年纸货行情。

贺岁文化 每年春节前停槽日,考究的槽户必剪好一批红纸元宝或是红纸条,将所有造纸工具乃至暂时停用的家什物件,统统粘贴上红色,以示"对辛苦之尊重",并保其不被玷污损坏。来年用时,择日启封,亦祭拜一番,考究人家还放些爆竹,也有的则在红纸上写"新春开笔,万事大吉"等贴于门窗等显眼处,宣告新一年的开始。

剪纸文化 纸乡多能工巧妇,不但能以纸折成锡箔、元宝等,供祭祀或贺岁之用,还能用纸剪成诸如《喜鹊报春》、《年年有鱼》、《观音送子》、《钟馗降妖》、《鲤鱼跳龙门》等各种栩栩如生的人物、动物或生动的故事为主题的剪纸作品来讨彩头,糊贴窗户,装饰门面,祈求吉祥又美化居室环境。

尊老文化 一族中奉族长为尊,议大事开祠堂门由族长说了算,修宗谱由族长定夺,哪怕是今年岁首村里是否舞龙灯、竹马或跳狮子,也在尊族长之命后为之。族长和名人贤达还以人物传记载入宗谱。一家中的老人活着时由子孙供养吃轮众饭,谢世后逢上生辰忌日要做斋饭祭之，多半人家还要请十二个属相的老太念成一堂十二生肖佛包烧祭给祖先。

教子文化　富阳纸乡特别信奉"京都状元富阳纸，十件元书考进士"的传承。小孩六七岁即送入蒙馆或学校拜孔夫子，每天必描"上大人，孔乙己、尔小生、八九子，化三千、七十士……"红字纸，家长即便目不识丁，也必查每天的红字纸作业，数数老师画了几个字的红圈圈。

印刷文化　富阳深受南宋定都杭州的影响，雕板印刷在宋时富阳便有之，其后的活字印刷出现在官府与大的商家。遍布全富阳各地村落的大量宗谱可让人想见其时的印刷之盛。时至今日，不但有大小印刷厂数百家上千家，而且富阳的古籍造纸印刷文化村成为全国之最，并成为一处名闻遐迩的古代造纸印刷文化旅游村。

民间文化（即口头文化）　纸业盛传着"纸槽焙弄，嘴像马桶"的俚语。说的是纸乡人终日劳累且几乎每天都重复着比较机械单调的劳动，为不致乏味而消除疲惫，于手脚操作的同时往往练出了"嘴上功夫"。于是俏皮话、幽默话、讽刺话成了家常便饭，更有些乡间土秀才不但能讲得妙趣横生，引得人捧腹大笑，并且能在这些说笑话、编顺口溜的基础上，创作出颇有哲理的笑话故事，乃至唱本和可演的脚本，如夸一位风风火火的妇人《阿毛嫂》，讥讽公公对儿媳不正经的《笃笃扒》，说好惹事的牧童《看牛小鬼没结果》，惜因小失大遭骗的《石蟹》，初进杭州闹笑话的《打杭白》、《买自鸣钟添只小手表》和买橄榄不知回味的《吃青果草屋爬塌》，以及到灵桥街上《买笔，扁担头上缚煞了》、《狗吃猪肚肠——账单总在我袋里》等等。

其中最著名的口头文学长篇叙事诗《朱三与刘二姐》，民间称之为"唱朱三"。不但有鲜活的男女主人公，也有性格各异的多名配角人物，并以爱情故事为主线，经历曲折，情节跌宕，最后牵动富阳、余杭两知县断案，各执一端。"唱朱三"可称是口头文学的杰作。它乃纸乡"毛纸师傅们"创作出来的。先是按着做纸的节拍心编口唱，继之集几代人的传唱逐步完善，最后则由土秀才们编成文字脚本，乃至搬上舞台演唱其中最精彩的一些段子。

所有这些，无疑是纸乡的文化瑰宝。

做纸师傅一边做纸，一边"唱朱三"

富阳竹纸制作技艺的代表性纸行和个人

富阳竹纸制作有深厚的历史积淀，名纸竞出，在长期的生产实践过程中，涌现了许多技艺高超的为传统手工纸生产呕心沥血的传承人。

富阳竹纸制作技艺的代表性纸行和个人

　　富阳竹纸制作有深厚的历史积淀，名纸竞出，在长期的生产实践过程中，涌现了许多技艺高超的为传统手工纸生产呕心沥血的传承人。

　　昌山纸是富阳竹纸中的著名品种，因其主要产于富阳礼源乡（今属灵桥镇）的菖蒲坑村和山基村，因而各取二村地名中的第一

2004年5月，全国人大常委会副委员长许嘉璐视察中国古代造纸印刷文化村

个字为纸名，"昌"与"菖"同音，称为昌山纸。昌山纸是一种以当年生嫩毛竹为原料抄制的文化用纸。

"姜芹波忠记"昌山纸，是昌山纸中最负盛名的品牌，它是山基村槽户姜昌忠家族经过几代人的不懈努力，精工精料而创立的名牌产品。据《富春姜氏宗谱》记载，姜昌忠的祖父姜元君（字殿扬）于清嘉庆年间由梓树村迁居山基村，继承祖业，开办槽厂，以当地盛产的嫩毛竹资源抄造纸张，并创建"姜芹波纸号"，生产和经营元书纸、薄坯纸、昌山纸等手工竹纸。姜元君祖上世居梓树村，历来以造纸为业，时人称其家族为"实业经营迈蔡伦，文明传播化犹匀"、

2004年10月2日，原中央政治局常委、国务院副总理李岚清到富阳考察中国古代造纸印刷文化村

知名国际友人陈香梅女士在学抄纸

　　"制仿蔡伦,德孚东浙"的造纸世家,具有丰富的生产实践经验和经营纸业的才能。其子姜载清、姜载生兄弟子承父业,以"姜芹波"纸号经营纸业,生产的薄坯纸和昌山纸除行销于浙江省范围之外,还运销至江苏无锡、丹阳与北京等地。清末民初,"姜芹波纸号"传至第三代传人姜昌忠、姜昌柳分别经营,姜昌忠取纸号为"姜芹波忠记";姜昌柳取纸号为"姜芹波生记"。其中,姜昌忠聘请当地有名的抄纸工匠汪志明为把作师傅,采用农历小满前后的当年生嫩毛竹为原料,当天砍伐当天削竹、断料,并当天落塘浸漂,以保持竹料的鲜嫩度。在水源选择上,务必使用洁净的"头把"溪水作为浸漂原料和抄造纸张用水。在翻摊、腌料、淋尿、蒸煮、漂洗、舂捣等制浆工

2001年1月29日，原中共中央政治局常委、全国人大常委会委员长乔石在中国古代造纸印刷文化村

艺上，把握每个生产环节，提高浆料的纯净度和精细度。抄纸和烘纸等技术要求较高的工艺，则严格把关，一丝不苟。由于汪志明抄制的"姜芹波忠记"昌山纸讲求精工精料，在当地有"洁白厚重，匀净润泽"的称誉，他一直被人们公认为"造纸能手"。汪志明是与山基村毗邻的里汪村人，在姜昌忠的"姜芹波忠记"纸号造纸二十余年，为名牌产品"姜芹波忠记"昌山纸作出了卓著的贡献，因此，姜昌忠待汪志明亲如家人，汪志明备受尊重和信任。

姜昌忠字董臣，是姜载清的第二个儿子，生于1889年，卒于1938年。他创办的"姜芹波忠记"纸号，重视产品质量，恪守经营道德，讲究信誉。他出产的昌山纸，绝无破张、缺张或纸病，每件纸侧都盖有"姜芹波忠记"长方形木质印记。凡钤有此印记的昌山纸，江、浙、沪、京等各大纸行、纸店都视作"质量信得过"的免检产品，在纸张经销商中享有很高声誉。1915年，"姜芹波忠记"昌山纸获得国家农商部嘉奖，并被确认为最高特货。

民国时期，在大源乡曾经有三家生产元书纸的纸厂名盛一时，它们的业主分别是王阿东、杨连生和李乃志。

王阿东，今大源镇春一村人，在驻军坞村建有两厂纸槽，聘请师傅做纸。品牌称号用其曾祖父王大圣之名，生产的五千元书纸，在1929年西湖博览会上荣获一等奖。

原中共中央政治局委员李铁映视察中国古代造纸印刷文化村

　　杨连生与王阿东同村，他在杨家落笃坞建有两厂纸槽，雇请杨坤祥抄纸，董岩廷晒纸。他们做的是薄坯纸，质量优级，牌号为"杨连生"。直至20世纪50年代，他的后代在姜基坞尚能生产出一级元书纸。

　　李乃志是新关兰庄人，他的两厂纸槽建造在兰庄桥头，利用大源溪水，请师傅做纸，牌号用他的另一名"李平山"。

　　三家元书纸均出名在20世纪二三十年代。清水、鲜料、细工是它们的共同特色。它们的纸槽都坐落在青山绿水间，深山幽坞里。办料必须在小满前，削竹、断料、入塘腌制，一气呵成。"王大圣"采用嫩竹摇梢取料，更添纸的洁白。

2001年1月29日，原中共中央政治局常委、全国政协主席李瑞环视察中国古代造纸印刷文化村

蒋正华副委员长视察中国古代造纸印刷文化村古籍印刷装订车间

　　湖源乡新三行政村冠形塔自然村是隐藏在群山环抱的小村子，这里，蓝天如洗，溪水清澈，漫山漫坡青竹摇曳，自然生态环境保护良好。全村共有三百余名村民，全部姓李。出生于1949年的李法儿，自幼接触竹纸制作，耳濡目染，与手工竹纸结下了不解之缘。十八岁开始做纸，在纸槽边度过了青年、中年，渐渐步入老年，精通从一根嫩毛竹变成竹纸的全套技艺流程，历经富阳竹纸制作的风风雨雨，是当地屈指可数的重要传承人之一。

　　李法儿家制作手工竹纸有过昔日的辉煌，造纸的历史可以追溯到他的曾祖父辈。20世纪30年代初期，李法儿的祖父曾经在杭州龙翔桥附近开设过一家"富春纸行"，专门出售李家制作的"裕"字号

原中共中央军委副主席刘华清视察中国古代造纸印刷文化村

元书纸。打成包的元书纸从冠形塔村出发,用船运到杭州出售。那时候的"裕"字号元书纸是名牌产品,质量上乘,深受用户信赖。李法儿是李家造纸的第四代传人,1992年,他兴办了富阳新三元书纸品厂,厂里共有八个纸槽,十三名工人。李法儿得心应手地运用富阳造纸制浆技艺中的"人尿发酵法"和抄纸技艺中的"荡帘打浪法"等绝技,凭着对传统造纸执著的挚爱,坚守着这方不少人毅然抽身离去的领域。

富阳竹纸制作技艺的传承与保护

虽然富阳竹纸制作技艺这一非物质文化遗产得到了国家的重视，保护工作也逐渐开展，但在经济全球化、现代化、市场化进程加快的今天，它也面临着很多困境。

富阳竹纸制作技艺的传承与保护

[壹]富阳竹纸制作技艺的现状与保护

随着经济全球化、现代化、市场化进程的加快，从20世纪90年代开始，富阳传统造纸业的困境日益显现，传统竹纸制作技艺日趋濒危。一个显而易见的事实是：四十岁以下的山区农村青年掌握竹纸制作技艺的人已经相当少。出现濒危现象的原因主要有以下几方面：

在新的环境下，很多富阳竹纸作坊由于对环境有影响，被迫关闭

一、受坏保因素制约。经济发展与环境保护之间出现了不可调和的矛盾。由于富春竹纸制作过程中用水量较大，而制造者大多是散布于山区一家一户的小作坊，污水治理难度较大。竹纸生产户用烧碱或石灰腌制竹料，在腌制竹料和打浆清洗过程中产生大量废水排入溪水中，使原本清澈的溪水变得面目全非，严重影响了当地村民的生产和生活，群众对此反响强烈。据周兆木《办环保实事，还碧水于民——富阳常绿镇封杀土纸作坊四百余户》一文记载："为彻

编竹篮

底改变常绿溪水质，镇党委、政府认真贯彻国务院《关于环境保护若干问题的决定》，从调整产业结构入手，积极引导村民发展无污染或少污染企业，先后建起了100余家织布加工厂（点）。在此基础上，他们下决心全部关闭土纸生产作坊。到2000年底，全镇480余户土纸作坊全部停止生产。"（《中国环境报》2001年11月10日）除常绿镇外，其他一些竹纸生产区也因环保问题遭遇了类似的情况。

二、受市场因素制约。一方面，随着竹制品深加工行业的兴起和发展，竹制品加工业的经济效益大大高于用竹作造纸原料，其价格比有明显落差，手工竹纸生产利润少，槽户不愿生产。据了解，富

竹灯

阳境内东洲街道、湖源乡、常绿镇、春建乡、大源镇、高桥镇、上官乡等竹林资源丰富的山区都有竹制品深加工行业，生产产品主要有竹地板、竹工艺品、竹家具、榻榻米、竹帘等等，许多优质竹制品远销国外。另一方面，20世纪70年代末期开始兴起的富阳书画纸，通过工艺改造，采用机制生产，大大提高了生产效率，产品价格略有回落，这对手工竹纸生产也有一定的冲击，元书纸销售比较困难。更为重要的是，目前国内学生毛笔书写用纸量不大，富阳市境内竹纸文

深加工后的竹制品

以前从事土纸制作的富阳人现在改为从事其他的相关行业

化用纸产品知名度不高，纸价暂时很难一下子提高，但工人要求提工资，许多作坊就只好尽量节省人力，原来分几人做的工序有时并由一个人做。这样就影响了技艺的传承。

三、受工艺繁难因素制约。富阳竹纸制作从斫竹到成纸，全过程约六十天。这个手艺属于重体力活，非常繁难。表现在：一是制作工艺复杂。主要工序三十多道，大小工序七十二道。富阳民间有"措手七十二，造纸非容易"的谚语。二是技术难度较大。抄纸是整个手工造纸中难度最大的工序，技术好的师傅抄纸既快又均匀，厚薄轻重皆有规距，全凭心头感觉，手中功夫。这种熟能生巧的技术只有经历三年五载的长期操练才能达成。三是劳动强度大，从斫青开

浙江省委常委、杭州市委书记王国平在中国古代造纸印刷文化村

始，每一道工序都是体力活，费时费力，重复单调，很难吸引现在的年轻人。做纸工，要从早上四五点钟起床干到晚上九十点钟。抄纸要一刻不停地在捞纸车间，双手长期在水中浸泡。烘焙四季都在高温中炙烤，烘纸车间室温高达摄氏四十度。劳动环境差，体力消耗大。身体素质一般的人，一个月只能做十几天。因此竹纸生产区的村民普遍认为赚这个钱还不如在城里蹬三轮。现在竹纸生产的地区，操作这些关键技艺的基本上是本地的老师傅。

客观上的环保原因，没有稳定的市场销路，再加上工艺的繁难，导致这一依靠口授和行为传承的竹纸制作技艺传承乏人。

自20世纪90年代开始，随着竹纸生产环境日趋严峻，富阳市不论官方还是民间都开始重新认识竹纸制作技艺的价值，并为此不懈地开展保护工作。

富阳的现代纸业由传统纸业传承而来，第一代现代造纸企业主大多曾从事传统纸业。竹纸制作技艺是富阳纸文化的核心，从20世纪90年代开始，官方和民间就开展了普查、研究、保存、保护、宣传、弘扬、传承等工作。主要表现在以下方面。

一、政府举办纸文化艺术节。1991年11月26日至11月30日的富阳纸文化艺术节（全称富阳县第二届纸文化艺术节和第四届商品交易会暨富春江第一大桥合龙庆典）上，纸品展馆收集展示了富阳生产的三十多个大类二百三十多个品种的原纸和工艺水平较高的纸制

1991年11月26日，富阳县第二届纸文化艺术节隆重举行

富阳县第二届纸文化艺术节上的大红灯笼

富阳县第二届纸文化艺术节期间举行的"百人百米书画表演"

品。全县二十多个乡镇、一百多家造纸厂和个体槽户送展样品,部分样品借自纸品收藏者,产品生产时间从20世纪30年代延续至90年代。艺术节还围绕纸文化这一主题展示了精彩纷呈的系列艺术活动,如富春灯会、百人百米书画表演、"可爱的富阳"书画展、"富阳颂"文艺晚会、纸文化文学作品征文等十大活动。这次活动对保护和宣传竹纸制作技艺有积极的意义。

二、华宝斋建成中国古代造纸印刷文化村。1998年,华宝斋富翰文化有限公司投资5000万元的文化村首期工程竣工,文化村分布有博物馆、古代造纸一条街、古籍宣纸生产车间、古籍印刷车间与装订车间、公司办公楼等区块。博物馆内陈列着众多传统文化用纸

华宝斋富翰文化有限公司印刷的书籍

原全国人大常委会委员长乔石为古代造纸一条街开街仪式剪彩

中国古代造纸印刷文化村开村仪式盛况

中国古代造纸印刷文化村

以及华宝斋用现代工艺生产的古籍宣纸、各色宣纸及加工纸等，博物馆内还展出了温家宝、李瑞环、乔石、李铁映等党和国家领导人视察华宝斋和参观文化村的大幅照片。古代造纸一条街，长近百米，两侧两排仿古的作坊里，身着宋代服饰的员工演示着舂料、抄纸、榨纸、晒纸等传统手工造纸的系列过程。古街内陈列着传统造纸所用的各式工具，其中有延续千年的舂料工具——脚碓，用手捣料的木舂齿和石臼、古井，还有元代发明的木制手摇造纸机。古籍宣纸生产车间生产的宣纸专供华宝斋印刷古籍之用。中国古代造纸印刷文化村的建成，对富阳纸文化的保护、弘扬、宣传和传承起着十分重要的作用。

市政协文史委编纂的《中国富阳纸业》

三、富阳市政协编纂《中国富阳纸业》一书。市政府拨款60万元，由市政协文史委编纂《中国富阳纸业》一书，2006年由人民出版社出版发行。这是迄今为止集中反映一个纸乡及纸业生产的一本最为完备的专著，也是我国纸业发展历史的缩影。书中的"传统篇"，系统介绍了富阳竹纸原材料、工艺流程、分类、品种、产地、产量、销售、富阳竹纸品牌及有贡献的人物、富阳纸业同业行会、富阳书画纸、富阳古籍印刷专用纸及古籍印刷等内容。《中国富阳纸业》向人们传递着这样一种概念：造纸业不仅成为富阳最具传统特色的产业，同时也成为了富阳内涵丰富的一种文化现象。

四、富阳市文化部门将竹纸制作技艺成功申报为国家级非物质文化遗产保护项目。2005年，富阳市文化部门组织人员对传统造纸进行现状调查，经过长时间的普查，全面了解和掌握竹纸的种类、数量、分布状况、生存环境、保护现状及存在问题，并运用文字、录音、录像、数字化多媒体等各种方式，对竹纸制作技艺进行了真实、系统、全面的记录,建立档案和数据库。在普查的基础上,向上申报国家级非物质文化遗产保护项目。2006年6月,富阳竹纸制作技艺因其珍贵、濒危并具有历史、文化和科学价值而被列入国家级非物质文化遗产保护名录。有了"国遗"身份的竹纸制作技艺,再一次备受富阳市民的关注。

五、为适应市场,竹纸制造在悄悄变革。笔者在湖源乡采访时,看到有的土纸生产厂家,已经在传统的工艺流程中加入很多现代自动化技术。现在一些做元书纸的工艺流程中,敲料、磨料、搅拌等环节从以前的人力、畜力变为现在的电力作动力,以提高竹纸的生产效率。开办纸厂的李伟军说,竹纸最大的问题是生产效率不高,

浙江省文化厅厅长杨建新参观中国古代造纸印刷文化村

现在日本和我国台湾的很多客户订购量在逐年上升，如果生产力跟不上，质量再好也没法占领市场。为了适应市场需求，李伟军还特地自主研发了规格为70×138（厘米）、60×180（厘米）的元书纸，以满足日本、韩国客户的要求。他认为，富阳的竹纸产业要想继续发展，就应该进行变革，跟上时代潮流。

六、《富阳日报》征集造纸老艺人。《富阳日报》从2006年3月开始，向造纸老艺人征集竹纸、草纸、皮纸的工艺流程和做法。通过记者的采访报道，富阳竹纸制作技艺这一宝贵的非物质文化遗产再一次进入人们的视野，一些仍在坚守传统造纸阵地的老艺人表示把传统手工造纸技艺传承下去，是老艺人的责任与义务，并热切希

著名学者文怀沙参观中国古代造纸印刷文化村

望能把先辈们用智慧与汗水积累下来的手艺，代代相传。这次征集活动，一方面激活了老艺人的传承热情，另一方面，通过对富阳传统造纸技艺辉煌历史的回顾，激发了广大青年人身在纸乡，了解纸文化的热情。

此外，近年来，富阳市人民政府以及造纸业的有识人士，投入资金5200余万元实施溪流改造、污水治理等措施，市政府出台了《关于进一步加强全市非物质文化遗产保护和特色文化产业发展工作的通知》，这些政策和措施为竹纸生产提供了有力保障。

今后五年，富阳市将以"保护为主、抢救第一，合理利用、传承

富阳大源赕口村七十八岁的盛师傅在牵纸　　古籍装订车间制作古籍函套

发展"为指导方针,根据"政府主导、社会参与,职责明确、形成合力;长远规划、分步实施,点面结合,讲求实效"的工作原则,通过全社会的努力,建立起竹纸制作技艺的保护制度,使这一珍贵、濒危并具有历史、文化、科学、经济价值的非物质文化遗产项目得到有效保护,并得以传承和发扬。重点做好以下工作:

一、加强领导,落实竹纸制作技艺保护责任

市、乡镇两级政府要加强领导,将竹纸制作技艺保护工作列入重要工作议程,纳入国民经济和社会发展整体规划,列入文化发展纲要。要不断加大竹纸制作技艺保护工作的经费投入,通过政策引

职工们正在装订古籍印刷产品　　　　　古代造纸一条街

职工们正在进行古籍印刷

导等措施,鼓励个人、企业和社会团体对竹纸制作技艺保护工作进行捐助。充分发挥专家咨询委员会的作用,制定保护计划。将传统造纸技艺保护和知名老工匠保护,纳入有关乡镇干部和年度社会发展特殊考核范围。

二、全面普查,设立一批传统造纸文化村

要在全市范围内对民间造纸专家进行全面、细致的普查、登记。特别是对在制浆、抄纸等关键环节掌握高超技艺的师傅要进行重点登记,对祖宗三代以上从事竹料造纸的家庭进行普查、登记。在普查的基础上,选择有传统造纸历史、竹林资源丰富、拥有一批

身着古装的文化村职工正在翻摊

老艺人的村落作为竹纸制作技艺保护区,确定为传统造纸文化村,鼓励纸农采用传统工艺生产纸张,还原纸乡风貌。与旅游开发相结合,在湖源乡新三行政村冠形塔自然村建立起传统造纸工艺参观演示点,并设立国家级非物质文化遗产——富阳竹纸制作技艺保护点。开发中国古代造纸印刷文化村二期工程,扩大传统造纸工艺展示。

三、建立机制,做好基础性工作

身穿古装的文化村职工正在抄纸

一是以创建"富阳山水文化名市"为契机,加大对"非遗"的宣传力度,举办纸文化艺术节,提高干部群众保护意识,建立动态保护体系。二是建立传统造纸老艺人传承建设机制,鼓励老艺人对年轻人进行传、帮、带,政府每月给老艺人适当的补助。三是建立领导班子"定人"、"定责",资金投入"定额","定期"的保护运行机制。四是提升纸品质量,拓展市场,逐步建立纸品市场机制。五是加大力度做好竹纸制造过程中产生的污染问题,引导农民保护竹料资源,培育竹林基地,确保造纸原材料充沛、优质,完善竹纸生产的保障机制。

四、拓展市场,发挥纸农主体作用

在目前大规模机器生产使手工竹纸市场整体大幅度萎缩的情况下,竹纸制作技艺连同水碓、纸槽等物质载体也正濒于消失。发挥纸农主体作用,拓展竹纸市场,是改变这一困境的重要途径。而拓展市场,关键靠质量。一方面,引导纸农组建竹纸生产专业合作社,在制浆、抄纸、销售等重要环节分工合作,提高竹纸生产效率和产品质量。另一方面,引导纸农学习日本、韩国等邻国的经验,开拓书信、包装、室内装饰等更广阔领域的新市场。复旦大学文博系副主任陈刚认为,如果在未来我们能够用在纸料中掺入树叶、皮麻的方法稍微改进一下竹纸的制作工艺,从制作室内灯饰装饰品和信封、纸扇等讲究格调的文化用纸领域,尝试对竹纸的用途作一些探索,也许可以改变竹纸在今天处于低端市场的命运。

中国古代造纸印刷文化村古代造纸一条街开街仪式上的富阳板龙出行

中国古代造纸印刷文化村古代造纸一条街

[贰]传统造纸技术的继承与革新

富阳本地约有40万亩竹山，立竹5000多万株，一般大年能削青竹（嫩竹）一亿多斤，供一年造纸绰绰有余。但小年则仅5000万斤左右，不足一年的原料。新中国成立后，曾因青竹原料不足，向临安、龙游等地采办。但与本地竹料相比，工本高而质量差。后来，随着竹纸生产的发展和毛竹的进一步开发利用，青竹供不应求。再则，富阳竹纸生产工艺复杂，制作中劳动强度大，进行技术革新一直以来都是富阳纸工的愿望。20世纪60年代后，根据原材料和市场需求的变化，富阳提出了"原料、设备、品种三大革命"的口号，开始挖潜革新。

1. 原料与品种的改进

1950年3月18日，浙江省工业厅派工作人员来富阳了解竹纸情况，并根据上级的要求，成立了手工业改进所大源办事处，以改良竹纸的生产技术，开展竹纸原料的革新试制，推广以嫩毛竹的副产品箬壳、嫩竹桠等代用品作原料。还利用漂白粉的化学作用把次料变成好料，提高竹纸质量，经技术上的精雕细琢，改良为白报纸、绿报纸，1951年就生产了18014件。当时，在机制纸不足的情况下，这两种纸还代替办公用纸和报刊用纸。

以嫩竹皮（竹青）为原料生产的卫生纸，用料上，曾在竹料中掺有毛竹箬壳、嫩竹桠、老黄篾、野杂竹等代用品，但质量上不能和纯竹料所生产的竹纸相比。

　　1979年初，富阳县委、县政府在大同公社朱家门村召开全县纸业生产动员大会，提出"振兴富阳纸业，加快发展文化用纸"。大同大队（今朱家门村）努力寻找突破口，下放当地的杭州书画社裱画师汤金彪由此建议试制书画纸，供浙江美术学院裱画之用，被大队采纳。派人到安徽省泾县考察，回来后开设两厂样板槽试产。在原料选择上，根据当地资源，改檀皮为毛竹作主料。在生产工艺上，以传统四六屏纸为基础手工制作。1980年，成功试制出富阳第一张书画纸，大同宣纸厂由此挂牌成立，成为全县首家书画纸生产企业，年

吊帘抄纸法

产量30吨。此后，庄家村、兆吉村也相继开办宣纸厂生产书画纸。朱家门村、兆吉村、庄家村三村庄连线连片，成为富阳书画纸生产的发祥地。1983年春，灵桥公社外沙大队社员蒋放年设纸槽两厂，创办富阳古籍宣纸厂，另辟蹊径，致力于书画纸在古籍印刷领域的应用开发。

富阳书画纸原料以竹浆为主，工艺也在传统竹纸的基础上产生，成为富阳传统竹纸的后起之秀。

2. 工具、设备与方法的革新

1957年，工具改革，里山、春建、灵桥、常绿、上官等地学习萧山

电力舂料

大王坞采用吊帘生产竹纸的技术，并在全县推广。吊帘抄纸法是指把帘床吊挂在纸槽上方具有弹性的竹竿上，用以负荷竹帘、帘床及浆液的重量，抄纸工只要握住手柄荡起浆液，并将其在帘面上有规律地荡动，直至纸页形成。这种抄纸法，不仅工效提高三分之一，而且还减轻了劳动强度，但仍离不开手工操作。当时，全县最多时有吊帘500多张。

1959年，总结推广了礼源的阴晾日晒法，把原来要到焙弄里烘干的竹料纸，改为用竹竿挂起来自然晾干的方式，称作阴晾纸。或者把湿纸直接利用太阳光晒干，称作日晒纸。这种方法只适用于卫生用纸、祭祀用纸，而不适用于书写用纸。

1960年，成立了富阳县土纸技术改造办公室。县政府先后组织一百多人次参观杭州华丰造纸厂，学习机械造纸经验。1962年10月始，富阳进行土纸技术革新和设备改造。采取土洋结合、土中求洋的办法，着重解决手工造纸中煮料、舂料、烘干三个薄弱环节存在的问题。

第一台打浆机是由浙江省手工业机械实验厂设计制造的，于1963年5月在新关乡兆吉坞村安装试车成功。其效果一是工效高，二是纸浆质量好，三是能提高原料利用率，四是减轻体力劳动。但不足之处是打浆后的竹浆过油，纸质和操作受到一定的影响。

第一条铁焙弄由浙江省手工业管理局设计，杭州胜利锅炉厂制

实行技术革新，用电力捣料

造，基本上是按土焙弄原理改进的。1963年7月，在新关乡眍口村安装试烧成功。这种新方法的优点很明显，省柴效果好，铁焙弄烘纸每件卫生用纸耗柴20公斤，比土焙弄烘纸的40公斤节省50%。烘纸质量好，无疤点，无破裂，光滑平直。劳动力节省方面，一条铁熠弄能抵六条土熠弄，两班制生产只要二人烧焙，四人砍柴，比六条土焙弄十二人砍柴、烧焙，节省六个劳动力。这个村1964年一条铁焙弄投产一年，共烘纸8100件，比土焙弄节省柴火16.2万公斤，增加经济收入4285元。但晒纸、烧焙还和原来一样，得靠手工操作。

第一只蒸汽锅也是由浙江省手工业管理局设计的，杭州胜利锅炉厂制造,于1963年7、8月间安装在新关公社疤口村,并一次试烧成功。其效果一是节省柴火。皮镬煮一镬鲜竹一万公斤的竹料,需烧柴1500公斤,蒸汽锅只要烧400公斤毛柴,在同样季节同等数量的情况下,每煮一镬竹料可节省燃料1100公斤。二是工效高,劳力省。皮镬煮一镬白料(文化纸料),要三天三夜,需四至五个劳动力;煮一镬黄料(祭祀用纸、卫生用纸料),要六天六夜,需要九个劳动力。蒸汽锅煮一镬料只要六到八个小时,一人烧炉,一人摇水泵,只要两个劳动力。三是质量好。蒸汽锅煮料是汽、水一齐送,满汤满水煮,熟料色光白,能提高产品质量。1964年,这个村一只蒸汽锅投产一年,共煮料82镬,比老式皮镬节省柴火9万公斤,增加经济收入1795元。

还有轧竹机、电舂碓、压榨机、烧煤改良焙弄、石煤煮料等项目,在竹纸生产中都发挥了不少作用。

到1974年止,全县拥有打浆机94台,铁焙弄44条,蒸汽锅53只,电舂碓95只,压榨机17台,煮料、打浆、烘干等一些劳动力强度大的工序基本实现半机械化或机械化操作,但最主要的抄纸和晒纸,还是离不开手工操作。

设备革新,操作简化后的富阳竹纸制造,产品虽然仍保持着手工土纸的传统特色,但在质量上,还是不能和纯手工制作的土纸相比拟的。

　　20世纪70年代末至80年代中期，几家民间造纸厂努力向机械化迈进，从传统跨入现代。80年代后半期至90年代初，传统土纸衰落，淡出市场，乡镇造纸企业异军突起，现代纸业蓬勃兴起，如永泰纸业引进A级涂布白纸板生产线，三星纸业和永泰纸业分别建办热电车间。2000年至2003年底，富阳造纸行业投入技术改造资金26.5亿元，全市有三十多家企业应用DCS（集散控制系统）、QCS（质量控制系统）或MCS（纸机控制）、PLC（逻辑控制系统）等新的技术。

后记

在一千多年的历史长河中，东吴大帝孙权的故里——富阳不仅以奇山异水著称于世，而且因手工竹纸享誉中外。传统的竹纸制作技艺是一代又一代的造纸艺人心血和智慧的结晶，也是奔流不息的富春江的荣光与自豪。为弘扬独特而又灿烂的纸文化，展示竹纸制作技艺的风采，传承与保护富春文脉中无可替代的奇葩，我们责无旁贷地编撰了这本《富阳竹纸制作技艺》。

本书着意追寻富阳竹纸风风雨雨一路走来的曲折路径，讲述它的源流、类别和特有的价值，记录它的工艺流程、精湛技艺和令人叹为观止的绝艺，诠释它的风情、传说和厚重的文化积淀。本书同时直面富阳竹纸制作技艺后继乏人的濒危现状。上述这一切，汇成了本书的声音——保护传统竹纸制作技艺，守望我们的精神家园，延续富阳竹纸制作技艺的鲜活精髓！

鉴于此，富阳市文化广电新闻出版局组织作者，聆听专家对富阳竹纸的价值评价，又深入纸乡，采访竹纸制作技艺的代表人物，一次又一次，在纸槽边、焙弄旁与纸农们面对面，听他们如数家珍般地传授技艺；料塘边、皮镬旁，目睹纸农们的娴熟操作。听年轻小伙道出"学习做纸还不如去城里蹬三轮车"的坦诚感言，听老艺人"祖宗传下来的手艺丢了太可惜"的感慨。摄影工作者找出了保存多年的照片，与文字相结合，一并献给读者朋友。在此，谨向为本书付出辛劳的王其全、陈顺水、蒋增福、周秉谦、史庭荣、叶盛高、王蓉珍、陈志荣、方仁英、应秀玉、陈玲花、徐顺发、倪国萍等致以深切的谢意！

限于编者水准，本书不尽如人意之处在所难免，有待识者赐教。

编　者

二〇〇八年十二月

出版人　蒋　恒
项目统筹　邹　亮
责任编辑　方　妍
装帧设计　任惠安
责任校对　钱锦生

装帧顾问　张　望

图书在版编目（ＣＩＰ）数据

富阳竹纸制作技艺/庄孝泉主编；孙学君编著.－杭州：
浙江摄影出版社，2009.5（2023.1重印）
（浙江省非物质文化遗产代表作丛书/杨建新主编）
ISBN 978－7－80686－756－3

I.富…　II.①庄…②孙…　III.竹亚科－造纸－简介－
富阳市　IV.TS721

中国版本图书馆CIP数据核字（2009）第040421号

富阳竹纸制作技艺

庄孝泉 主编　孙学君 编著

出版发行 浙江摄影出版社
　　　　　地址　杭州市体育场路347号
　　　　　邮编　310006
　　　　　网址　www.photo.zjcb.com
　　　　　电话　0571－85170300－61009
　　　　　传真　0571－85159574
经　销 全国新华书店
制　版 浙江新华图文制作有限公司
印　刷 廊坊市印艺阁数字科技有限公司
开　本 960mm×1270mm　1/32
印　张 4.5
2009年5月第1版　　2023年1月第3次印刷
ISBN 978－7－80686－756－3
定　价 36.00元